常减压装置隐蔽项目检查方法

中国石油化工股份有限公司炼油事业部　编

中国石化出版社

图书在版编目（CIP）数据

常减压装置隐蔽项目检查方法 / 中国石油化工股份有限公司炼油事业部编．—北京：中国石化出版社，2018．9
ISBN 978－7－5114－4967－2

Ⅰ．①常… Ⅱ．①中… Ⅲ．①石油炼制－化工设备－设备检修 Ⅳ．①TE96

中国版本图书馆 CIP 数据核字（2018）第 212061 号

中国石化出版社出版发行
地址：北京市朝阳区吉市口路 9 号
邮编：100020 电话：(010)59964500
发行部电话：(010)59964526
http://www. sinopec-press. com
E-mail：press@ sinopec. com
北京柏力行彩印有限公司印刷
全国各地新华书店经销
*
710×1000 毫米 16 开本 4.5 印张 50 千字
2018 年 9 月第 1 版 2018 年 9 月第 1 次印刷
定价：30.00 元

编 委 会

序　言

随着国内高含硫原油加工量的不断增加，炼油装置设备、管道的腐蚀日益加重，一些不可见的缺陷越来越成为装置安全、稳定生产的绊脚石。为了进一步提高设备可靠性，延长装置运行周期，必须要严格检修管理，实现“应修必修不失修；修必修好不过修”的目标。这其中找准缺陷和故障是关键，尤其是隐蔽项目检查。由于隐蔽项目检查是石油化工装置检修的难点，因隐蔽项目检查不到位导致的设备失修、返修的事件屡见不鲜，给装置“安稳长”生产造成严重影响。

近年来，由于检修次数的减少，设备管理人员参与实践锤炼的机会也相应减少，技术提高和经验积累慢，“不会查、不会修”的负面效应逐渐凸显，这种趋势应引起我们的重视，并有所作为。目前国内尚无装置隐蔽工程检查相关的指导性文件，隐蔽项目检查内容和方式由各企业或者设备管理人员、检修人员自行制定，随意性大，科学性、专业性不强，因此过修、失修在所难免。所以，炼油企业迫切需要一部具有较强的专业性和实用性的工具书来指导隐蔽项目检查。本书正是在这样的背景诞生。

本书是一部专门针对装置隐蔽项目检查方法的工具书，重点解决“查什么？怎么查?”的问题，通过分析装置腐蚀机理和失效模式，并结合中石化多套同类装置历史故障和维修的大量数据，找出每台设备的薄弱环节，确定检查部位和检查方法。本书对于指导设备管理人员、检修人员制定检修计划、检修方案具有很强的实用价值，有助于提高隐藏缺陷的检出率，设备的保修率、检修的精准性，降低因失修带来的风险和经济损失。本书语言通俗易懂，描述细致详实，图文并举，可作为检修方案的编制依据，也可作为新设备员的培训教材。

诚然，由于时间仓促，编者水平有限，本书难免有错漏之处，需广大设备管理工作者在实践中不断指正，在以后的版本中加以改进和完善。

目　录

1 常减压装置介绍

1.1 常减压装置工艺简介

常减压装置是原油加工的第一道工序，一般包括电脱盐、常压蒸馏和减压蒸馏部分。常压一般可以切割出重整原料、溶剂油、煤油(或航空煤油)、轻柴油等产品；减压一般可以切割出几个润滑油馏分、催化裂化或加氢裂化原料。剩下的减压渣油根据生产总流程的安排可有不同用途，如用做溶剂脱沥青原料、焦化或减黏裂化原料，或直接出厂做燃料油或做生产沥青的原料。

根据目的产品不同，常减压装置可分为燃料型、燃料-润滑油型和燃料-化工型三种类型。这三者在工艺过程上并无本质区别，只是在侧线数目和分馏精度上有些差异。燃料-润滑油型常减压蒸馏装置因侧线数目多且产品都需要汽提，流程比较复杂；而燃料型、燃料-化工型则较简单。

1.2 常减压装置系统简介

典型的常减压装置一般包含以下几个部分：

(1) 常压部分：原油加热后进入分馏塔，此塔在接近大气压力下操作，故称为常压塔，相应的加热炉称为常压炉，整个过程称为常压蒸馏。

（2）减压部分：由于常压塔一般只能拔出实沸点360℃左右的馏分，若要进一步提高拔出率，则必须要有更高的汽化温度，这就会导致油品的裂解。为降低汽化温度，则需降低汽化压力，实行减压操作。

（3）轻烃回收部分：有压缩机方案轻烃回收部分的操作压力一般都为1.2～1.4MPa，常规的办法都用螺杆式压缩机将初（常）顶不凝气压缩至所需的压力，采用压缩机回收轻烃较为彻底，同时带来工艺流程复杂，占地面积增加，设备投资增加，操作和维护费用高等特点。

无压缩机方案是利用吸收－脱吸的方法回收原油中轻烃组分。通过初馏塔适当提压操作（操作压力约0.36MPa左右），液化石油气等成分可在此较高压力下几乎全部吸收溶解于初顶油中，进而可以液体的形态简单地通过机泵送至轻烃回收系统对液化石油气进行回收，而不需要压缩机，从而避开因有压缩机而带来的流程复杂、操作不便、投资高、噪声大、机械故障多、设备维修困难而难以长周期运行等问题。

轻烃回收系统设脱丁烷塔、脱戊烷塔分离液化石油气、轻石脑油和重石脑油，并设脱乙烷塔控制液化石油气蒸气压≤1380kPa（37.8℃），以提高液化石油气的质量。

（4）一脱三注（四注）部分：一脱指的是原油电脱盐，原油中含有一定量盐和水，所含盐除有一小部分以结晶盐的状态悬浮于油中外，绝大部分溶于水，并以微粒状态分散在油中，形成稳定的油包水型乳化液。原油电脱盐过程是在原油中注入一定量的含氯低的新鲜水，经充分混合，溶解残留在原油中的盐类，同时稀释原有盐水，形成新的乳化液。然后在破乳剂和高压电场的作用下，使微小水滴逐步聚集成较大的水滴，借重力从油中沉降分离，达到脱盐脱水的目的的过程。

三注（四注）指的是塔顶馏出线注氨、注缓蚀剂、注水（以及原油注碱）。

（5）热量回收（换热）部分：原油要分离为产品，必须加热到一定的温度，产品在分馏塔抽出温度为该产品的泡点温度，该产品在进入下游装置或罐区前，需要冷却，将产品与原油换热，回收产品的热量，减少加热炉燃料的消耗。

2 装置腐蚀机理及分布情况

常减压装置的主要腐蚀部位包括：三顶冷凝冷却系统的 $HCl+H_2S+H_2O$ 腐蚀、高温部位（温度大于 220℃）的硫腐蚀和环烷酸腐蚀。

三顶冷凝冷却系统的 $HCl+H_2S+H_2O$ 腐蚀部位主要是常压塔上部五层塔盘、塔体及部分挥发线及常压塔顶冷凝冷却系统；减压塔部分挥发线和冷凝冷却系统。其中处于相变部位（初凝区）的换热器或空冷器入口腐蚀最为严重。

加工高硫低酸原油时常减压装置高温部位（温度大于 220℃）处于高温硫腐蚀环境。腐蚀严重的部位包括常压转油线、减压转油线，常压塔下部塔盘及抽出侧线的管道、换热器、机泵等，减压塔塔下部填料及抽出侧线的管道、换热器、机泵等，常压炉辐射室炉管、减压炉辐射室炉管等。

加工低硫高酸和高硫高酸原油时常减压装置高温部位（温度大于 220℃）以高温环烷酸腐蚀为主，腐蚀严重的部位主要集中在减压系统，特别是减压塔减二线、减三线、减四线填料及其抽出侧线的管道、换热器、机泵等，同时常压转油线、减压转油线由于流速高，腐蚀严重。

常减压装置腐蚀机理和风险分布如图 1 所示（彩图见封 3）。

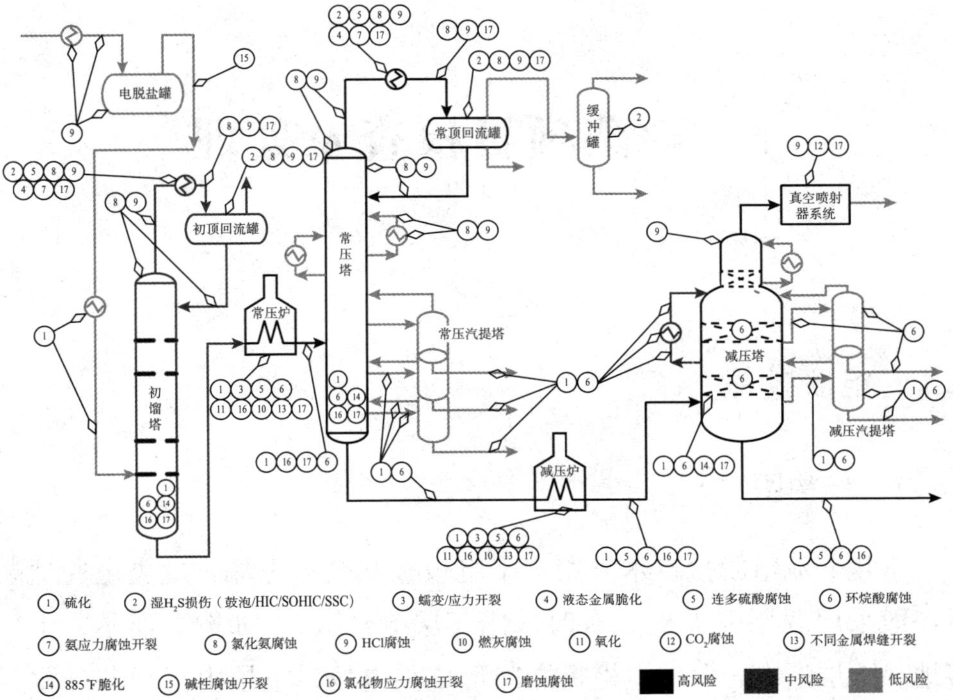

设备名称	风险等级	设备名称	风险等级	设备名称	风险等级
常压炉、减压炉	高风险	初馏塔	中风险	汽提塔	低风险
常压塔	高风险	初顶回流系统	中风险	脱盐罐	低风险
常顶回流系统	高风险	减压塔底线	中风险	原油预热器	低风险
减压塔	高风险	常压塔底线	中风险	缓冲罐	低风险
减顶抽真空系统	高风险	减压塔侧线	中风险		

图 1　常减压装置腐蚀分布及风险识别图

3　隐蔽项目检查及处理

3.1　电脱盐罐

3.1.1　结构图

常规交流电脱盐技术采用水平电极板和交流电场，此类电脱盐装置一般采用两层电极板（有时采用三层电极板），如图 2 所示，上层接地，下层通电，两层电极板之间形成强电场，下层电极板与油水界面之间形成弱电场（采用三层电极板时，上、下层电极板接地，中层通电，上、中层电极板之间形成强电场，中、下层电极板之间形成弱电场），强弱电场均为交流形式。油水混合料通过位于电脱盐罐底部水相中的分配器进入脱盐罐，并迅速上升通过油水界面进入弱电场区，然后再经过下层电极板进入强电场区。在电场的作用下，油水混合料中的含盐小水滴聚结成大水滴，并从原油中沉降出来，进入电脱盐罐

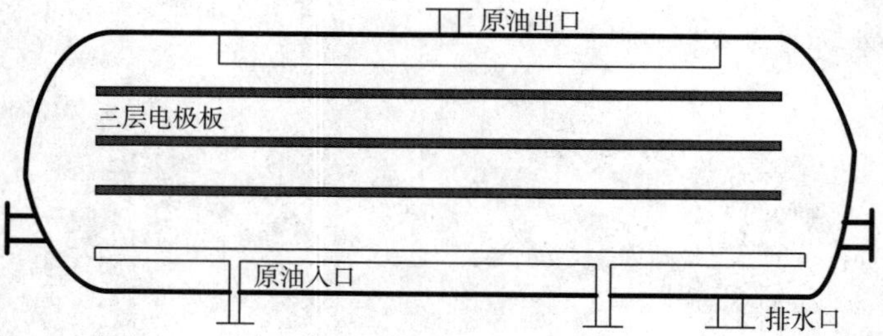

图 2　水平极板电脱盐罐内部结构图（三层水平极板）

底部的连续水相，并从罐底排出，净化原油则通过位于电脱盐罐顶部的集合器从罐顶出装置。

垂直极板电脱水器电极板平面与电脱水罐轴向垂直安装，正、负电极板相间布置，通过电路控制，垂直电极板之间形成半波直流强电场，而由电极板底部与油水界面之间形成交流弱电场，如图 3 所示。由于采用半波整流，该电脱水器可以有效地减少电耗，且直流电场下更有利于原油脱盐。

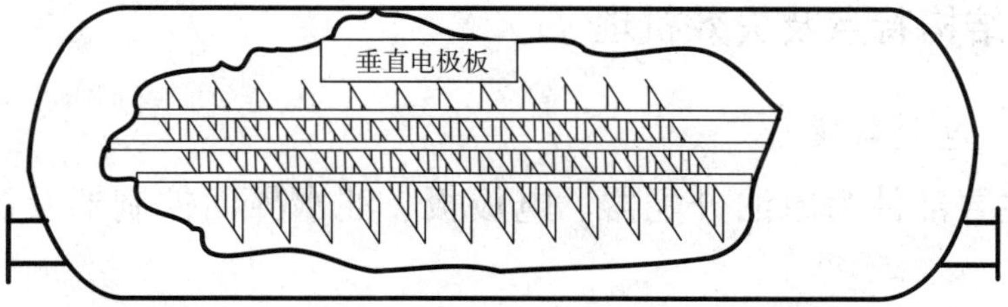

图 3　垂直极板电脱盐罐内部结构图

电场方式：直流强电场 + 交流弱电场。

适用范围及特点：适用于炼油厂电脱盐，具有脱盐效率高、节约电能的优点。

鼠笼式电脱平流电脱盐技术除具有物料平流特点外，还采用了鼠笼式电极板结构形式，如图 4 所示，此外，在脱盐罐底部还设有水包。

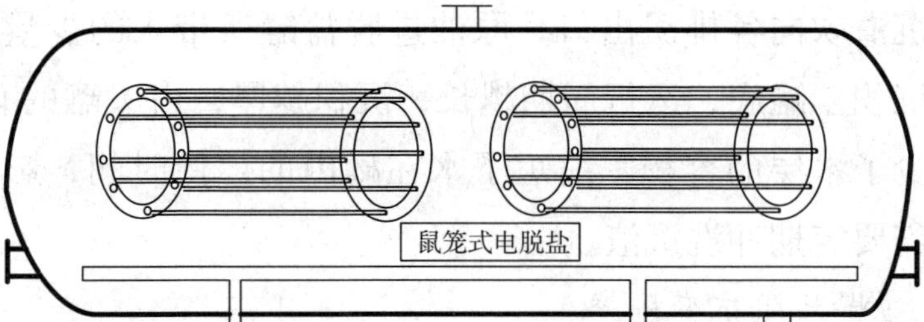

图 4　鼠笼式电脱盐罐内部结构图

其特点在于：电脱盐罐内由弱电场、过渡电场和强电场三个区域组成，油水混合料从电脱盐罐一端经分配器进入罐中，以平流方式依次通过三个不同强度的电场，进罐原油始终在电场的作用下，净化原油从罐的另一端排出，从原油中沉降分离出来的水进入罐底水包，并从水包底部排出。

电场方式：交流弱电场+交流过渡电场+交流强电场。

适用范围及特点：适用于高含水重质原油脱水，具有电场空间大、电场强度高、脱水效率高的优点。

3.1.2 结构特点及失效机理

3.1.2.1 电脱盐罐

其主要部件为原油分配器、电极板、油水界面控制器及沉渣冲洗系统。

原油分配器的作用是使从底部进入的原油通过分配器后能够均匀地垂直向上流动，目前一般采用低速槽型分配器。电极板一般有水平和垂直两种形式。交流电脱盐罐常采用水平电极板，交直流脱盐罐则采用垂直电极板。水平电极板往往为两至三层。油水界面稳定，能保持电场强度稳定，能保证脱盐水在罐内所需停留时间，保证排水含油达到规定要求。沉渣冲洗系统主要为一根带若干喷嘴的管子。沿罐长安装在罐内水层下部，冲洗时，用泵将水打入管内，通过喷嘴的高速水流，将沉渣吹向各排泥出口。原油进脱盐罐所带入的少量泥沙等杂质，部分沉积于罐底，运行周期越长，沉积越厚，占去罐的有效空间，相应地减少了水层的容积，缩短了水在罐内的停留时间，影响出水水质，为此需要定期冲洗沉渣。

3.1.2.2 防爆高阻抗变压器

变压器是电脱盐设备的关键设备。变压器有单相、三相两种。单相变压器的优点：①对装置规模适应性强；②一组极板短路，不影响另两组操作；③罐内外接线简单。缺点是价格稍高。

3.1.2.3　混合设施

油、水、破乳剂进脱盐罐前应充分混合，使水和破乳剂在原油中尽量分散到合适的浓度。一般来说，分散细，脱盐率高；但分散过细时可形成稳定乳化液反而使脱盐率下降。脱盐设备多用静态混合器与可调差压的混合阀串联来达到上述目的。

电脱盐罐的腐蚀主要表现为罐壁的均匀腐蚀减薄，原油分配管、电极棒等内构件腐蚀变形及开裂等。

3.1.3　隐蔽项目检查方法

常减压装置隐蔽项目检查方法如表1所示。

表1　常减压装置隐蔽项目检查方法

设备部位	检查内容	检查方法及标准
外观	1. 检查筒体、人孔、封头与对接焊缝	1. 焊缝无裂纹、变形、鼓包及泄漏。
	2. 检查防腐层、保温层	2. 防腐层、保温层完好。
	3. 检查罐外接管	3. 罐外接管无腐蚀、减薄，密封面、密封元件以及紧固螺栓完好。
	4. 检查人孔	4. 人孔密封面、密封元件以及紧固螺栓完好。
内构件	1. 检查原油分配管	1. 管线无腐蚀变形、减薄，分配孔无堵塞，固定管卡无松脱，管支承无变形、腐蚀，焊缝完好。
	2. 检查电极棒	2. 电极棒无损坏，吊挂无脱落，固定件紧固无松动。
	3. 检查各抽出口及注入口	3. 各抽出口、注入口无堵塞，抽出口、注入口管无腐蚀减薄，法兰密封面完好，紧固螺栓完好。
	4. 检查焊缝	4. 各抽出口、注入口，罐内管线等焊缝无裂纹、变形、鼓包及泄漏。

续表

设备部位	检查项目	检查内容及标准
电气部分	1. 电气外部设备的检查	1.1 检查极棒与变压器、罐入口法兰连接处应无渗、漏油现象。
		1.2 检查极棒与变压器连接部位充油油位应该在正常位置。
	2. 充油套管和极棒的检修维护，电脱盐罐内检修维护	2.1 电极棒四氟棒表面应平滑，允许有1～2个斑点，且斑点直径≤2mm，不允许有机械杂质，表面粗糙度 *Ra* 不大于0.8μm。可在自然光线下，目测法配用粗糙度标准样检验外观质量及表面粗糙度。
		2.2 耐电压检查：参照GB/T 1408.1标准执行，取成品电极棒，将电缆芯作为内电极，电极中金属作外电极，逐渐升压到50kV，并保持电压5min，观察是否有击穿、闪络现象发生。
		2.3 耐油压检查：上、下螺帽与棒体间耐油压测试3.0MPa，保压30min不泄漏。
		2.4 电极棒在检修过程中应抽出罐外，并解开引线与变压器高压侧引线的压接头（需要将变压器大盖卸开、并适当放低变压器油液位）。检查极棒引线及四氟乙烯外绝缘无裂纹、破损和放电痕迹，极棒与罐内连接部位的头部没有拉弧烧毛的迹象。充油套管的螺丝、垫片、法兰（极棒对变压器侧和对电脱盐罐侧）应压接紧密。
		2.5 对充油套管进行充油，使之有一定的油位显示，并检验无漏油情况，同时充油套管边上侧的泄压通道应保障通畅和洁净。
		2.6 电极板用3m以上的钢卷尺及目视手感法检验。所有电极板须经制造厂预组装，由检验部门检验合格并填写预组装报告、合格证后方可出厂。
		2.7 将电极棒从罐内取出后，将金属小棒通过极棒口深入罐内抵住极板的金属碗口，工作人员戴绝缘手套用2500MΩ摇表测量金属棒对地的绝缘，记录数据（此为罐内带电极板对地绝缘值）。
		2.8 作业人员进罐，检查罐内的电极板与罐体的支承连接件是否有变形，组成各层极板的小圆钢焊接良好没有明显的腐蚀断裂，极板周边的金属格栅末梢没有放电迹象。

续表

设备部位	检查项目	检查内容及标准
电气部分	2. 充油套管和极棒的检修维护，电脱盐罐内检修维护	2.9 罐内的吊挂用白布（可用无水酒精）擦拭，吊挂的表面应没有裂纹，对于有细长的水树枝纹的吊挂应拆下用2500MΩ摇表测绝缘。层间电极板的距离应该均匀并记录具体数据，与图纸核对，工艺的油水喷嘴位置应确认。罐内引电极棒引下线的金属碗口表面基本平整，金属碗口下的弹簧弹性充足，需要确认在电极棒插入的情况下，该弹簧压缩的距离约3cm左右（或参照图纸标称的数值）。
		2.10 根据设备运行周期或现场检查发现的情况，经有关人员评定，更换罐内电极棒或吊挂：首先需要确认备件与原先使用的材料规格、型号匹配并测试合格；更换时应逐一更换，并按对应螺栓的紧固力矩进行确认，严禁多根一起更换。
		2.11 对罐内极棒、吊挂布局应用数码相机拍摄。
	3. 空载试验及短路试验	3.1 空载的开路试验：需要相关试验单位人员到场，试验人员将高压电测量仪的两测量脚分别接于从罐内的带电电极板和接地极；工作负责人在确认罐内无人、接线准确后，向电气值班人员办理送电手续（短接控制回路中的仪表低液位接点），送电后现场合闸，记录下现场电压、电流表的数据；试验班人员则测试高压极板的实际电压值，应与所选挡位基本一致。变压器空载时要卡测其一次侧电流并记录数据。开路试验持续15min无异样后可结束，工作负责人办理停电手续，并指挥拆除试验用的接线。
		3.2 短路试验：将电脱盐罐内带电电极板与接地极之间用合适截面的导线连接，将变压器输出电压调在最低挡位上，合闸送电，此时测量变压器输出电压的电压表指针应接近于零，电流表指示应为铭牌上标识的额定电流值，变电所内报警发信，短路时间不得超过5min。
		3.3 短路试验完毕，应安排两人进罐拆除短路接地线，清点工器具和材料的登记结果。再空载送电试验一次，正常后即可封罐备用。
		3.4 电极棒对电脱盐罐和变压器两头的法兰结合面紧固，确认各个结合面处密封并没有渗漏油现象。

3.1.4 处理措施及更换周期

（1）腐蚀或变形管线更换，分配孔疏通，抽出口疏通；壳体及焊缝修补等压力容器缺陷修复按 SHS 01004《压力容器维护检修规程》、TSG 21《固定式压力容器安全技术监察规程》的要求执行。

（2）电极棒拆下后应自然水平放置，严防受力折压和极棒与充油套管之间有污物或水进入。

（3）充油套管和变压器侧结合的法兰面需要用变压器油清洗干净。

（4）极棒内高压金属线摇测绝缘，对地绝缘不小于 500MΩ。

（5）单体的绝缘值不小于 2000MΩ，否则应予以更换。

（6）空载及短路试验测量对地的直流电阻正常情况下直流电阻值不大于 50Ω。

3.2 换热器

3.2.1 结构简图及特点

常减压装置常用换热器为管壳式换热器，如固定管板式、浮头式和 U 型管式。也有部分特殊结构的换热器，如板式换热器等。

3.2.1.1 固定管板式换热器

固定管板式换热器，两端的管板均与壳体焊成一体，结构坚固、处理量大、适应性强，成产成本低。固定管板式换热器结构如图 5 所示。由于管板相对于壳体不能有位移，所以这类换热器只能用于管壳侧介质的温度较小的情况，当管子与壳体温度相差较大时，由于膨胀程度不同，会产生较大的热应力，并且不易清洗，适用于温差较小、不易结垢的流体换热。

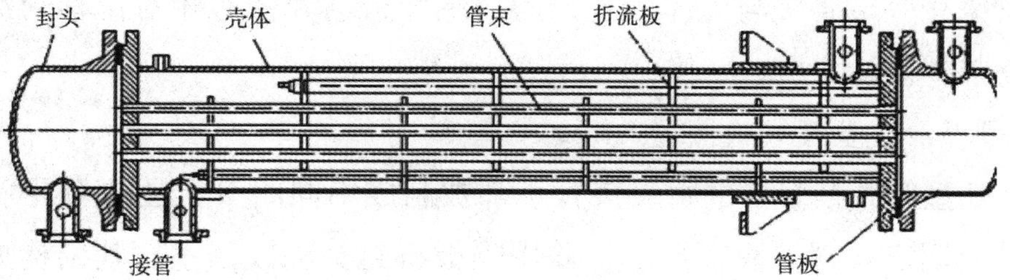

图5　固定管板式换热器结构图

一般规定，当冷、热介质对数平均温差大于50℃即不使用，原油蒸馏装置中使用较少。

3.2.1.2　浮头式换热器

浮头式换热器两端分别设计固定管板和活动管板，浮头可以沿管长方向在壳体内自由移动，不会由于两流体温差太大而产生温差应力，管束还可以拉出来清洗或更换，适用各种温差类别流体的换热，是目前炼厂应用最多的一类换热器。浮头式换热器结构如图6所示。

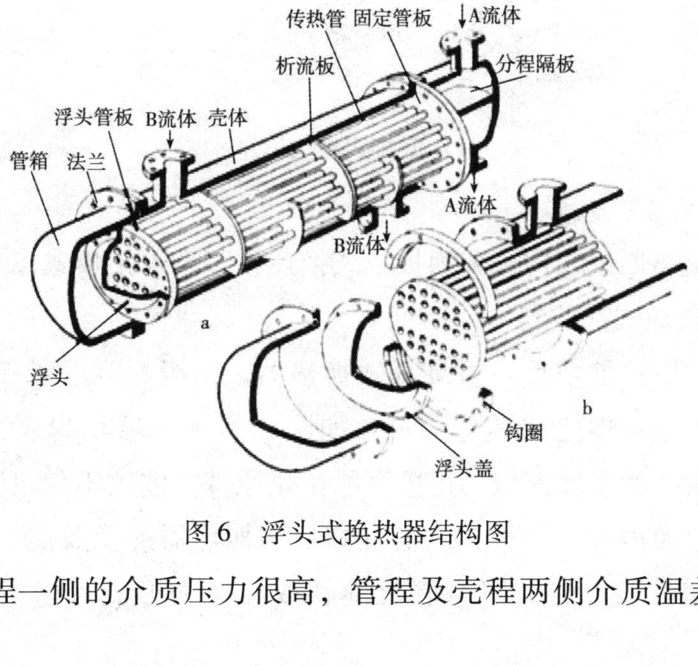

图6　浮头式换热器结构图

当壳程一侧的介质压力很高，管程及壳程两侧介质温差较大时，通常采用一端管板与壳体固定，另一端管板与壳体有相对位移的浮头式换热器。

3.2.1.3　U 型管式换热器

U 型管式换热器的每一束管子都被制成不同曲率半径的 U 形，其两端都固定在同一块管板上，并用隔板将封头隔成两室，其结构如图 7 所示。可适用于温差较大的两流体，结构简单，生产成本低，但是 U 型管清洗困难，U 型管排列数目少，传热面积小。适用于温差大、不易结垢的流体。

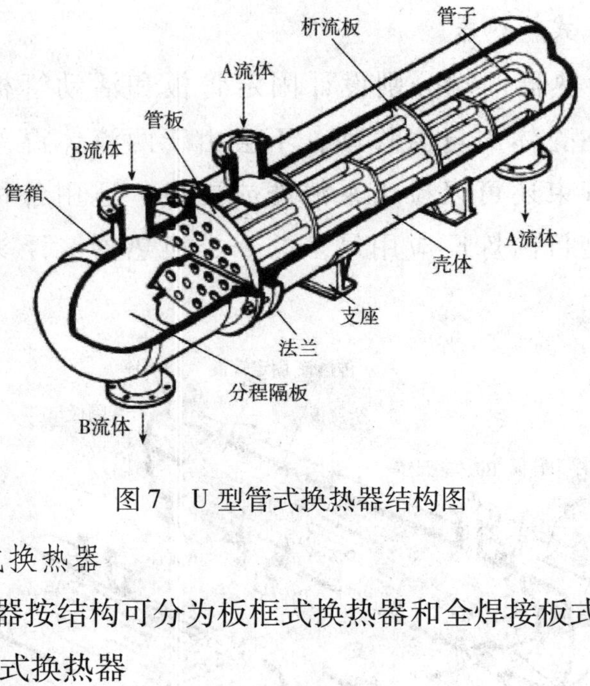

图 7　U 型管式换热器结构图

3.2.1.4　板式换热器

板式换热器按结构可分为板框式换热器和全焊接板式换热器。

（1）板框式换热器

板框式换热器俗称可拆卸板式换热器，由板片、压紧板、上鞋导杆、垫片、拧紧螺栓和螺母构成，如图 8 所示。板片为压制有波纹、密封槽和角孔的金属薄板，是重要的传热原件。波纹不仅可强化传热，而且可以增加薄板的刚性，从而提高板式换热器的承压能力，并由于促使流体呈湍流状态，可减轻沉淀物或污垢的形成，起一定的“自洁”作用。

板片悬挂在上下导杆之间，板片的数量、顺序和方向按照设计要求而定。板片的周围和角孔处有密封槽，供防止密封垫片用。固定压紧板与支柱通过上、下导杆连成一体，拧紧夹紧螺母和螺柱时，板片被推向固定压紧板，直至达到规定的尺寸为止。如果需要，可卸去夹紧螺母和螺柱，推开活动压紧板，取下板片和密封垫片进行清洗和更换。

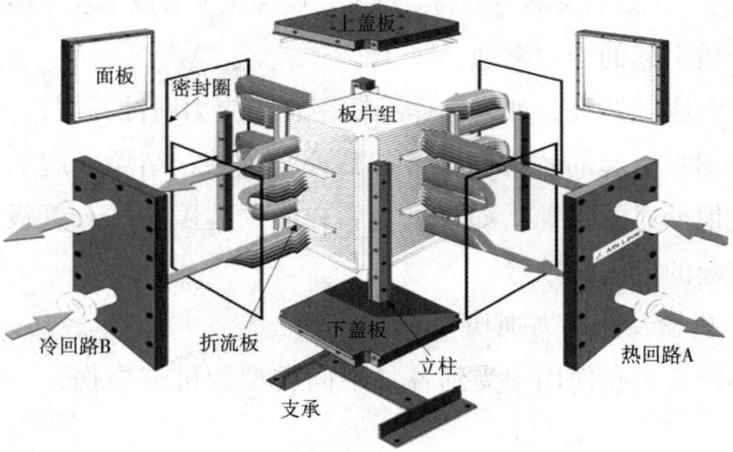

图8　板框式换热器结构简图

（2）全焊接板式换热器

全焊接板式换热器的结构主要有方箱形式和圆筒形两大类。全焊接板式换热器有板束、壳体、进出口接管和支座构成。板束是将板片按流道要求焊接而成，完全不用密封垫片。它兼有管壳式换热器耐温、耐压和板式换热器高效、紧凑的特点，焊接方法可采用激光焊、电子束焊、等离子焊或气体保护氩弧焊等。适用于化工、石油、医药、电力、机械、轻工和冶金等工业加热、冷却、冷凝和蒸发等场合。

3.2.2 失效形式

3.2.2.1 常用换热器失效形式

造成换热设备劣化和失效的主要形式和原因有腐蚀、机械及热应力损伤。

（1）腐蚀

换热设备管束受到的腐蚀取决于管束内外侧介质的化学组分、浓度、压力、流速，以及管束本身的材质性能。腐蚀主要有以下表现形式：

①介质引起的均匀腐蚀；

②应力腐蚀开裂，如奥氏体不锈钢管的应力腐蚀开裂；

③冷却水引起的各种腐蚀，如磨蚀与冲蚀，结垢引起的坑蚀。还有一些其他形式的腐蚀，如管子与管板间的缝隙腐蚀，管板与管束材质不一引起的电偶腐蚀等。

（2）机械及热应力损伤

换热设备会在使用中受到各种不同类型的机械损伤，主要有以下几种情况：

①管子与管板胀接处发生松动；

②管子与管板大的温差引起的焊缝开裂、胀接松脱；

③化学清洗及机械清理引起的损伤；

④振动产生的疲劳损伤。

3.2.2.2 板式换热器的失效形式

板式换热器的常见失效形式为内漏和外漏。由于板式换热器的密封周边较长，板片又较薄，在使用过程中可能会出现渗漏现象。渗漏现象可分为内漏和外漏两种情况。

（1）板式换热器的外漏

这是指换热设备内的介质向外部空间的渗漏。这种渗漏现象一般容易发现，引起这种渗漏的主要原因是垫片老化、被腐蚀或板片变形。

当发生这种渗漏时，应及时在渗漏部位做上记号，打开设备以更换垫片或板片。

（2）板式换热器的内漏

这是指换热设备内的两种介质由于某种原因造成高压侧介质向低压侧渗漏。这种渗漏现象一般不易及时发现。引起这种渗漏的主要原因是板片穿孔、裂纹和被腐蚀。发现这种渗漏的方法是要经常对低压侧的介质进行化验，从其组分的变化中加以判断。

3.2.3 隐蔽项目检查方法

3.2.3.1 管壳式换热器（浮头式换热器为例）

管壳式换热器隐蔽项目检查方法如表2所示。

表2 管壳式换热器隐蔽项目检查方法

设备部位	检查项目	检查方法及标准
壳体	1. 外观检查	1.1 目视检查筒体、封头、管箱、接管、附属仪表外部，无变形、泄漏、腐蚀、开裂等；目视或用锤击检查接管及角焊缝，无腐蚀脱落、无裂纹，坚实牢固。
		1.2 目视检查筒体内表面，无严重腐蚀的凹坑、凹槽（能满足强度要求）；检查内部焊缝，无腐蚀开裂；各管口畅通无堵塞。
		1.3 目视检查管箱隔板腐蚀减薄情况，从腐蚀速率判断剩余厚度是否满足下一周期使用要求。
		1.4 用铁丝等物插入引压管，畅通完好。
	2. 测厚检查	2.1 重点检查部位两端封头、物料进、出口、流量转向、界面突变处、接管部位。
		2.2 宏观检查发现减薄部分。
		2.3 测厚点数根据设备尺寸、以往检验数据确定。
	3. 无损检测	3.1 从外表面对主焊缝进行检验，首先对主焊缝进行磁粉或超声探伤（比例按参见 TSG 21）。

续表

设备部位	检查项目	检查内容及标准
壳体	3. 无损检测	3.2 渗透检查裂纹情况，重点检查位置如下： ①管口角焊缝。 ②返修部位。 ③其他部位进行抽检检测。
	4. 器内各支承焊接部位开裂、错位、磨损情况	4. 器内各支承部件不允开裂、错位、磨损、限位卡件固定螺母需双螺母锁紧或点焊。
	5. 压力表、仪表等辅助安全设备检查	5. 相关压力表、仪表拆检校验合格。
	6. 裙座及基础检查	6. 裙座无变形、裂纹，基础板无腐蚀；基础无裂纹破损，下沉，歪斜，地脚螺栓无松动。
管束	1. 管束堵塞及结垢情况	1. 目测、高压水通水检查、通钢管检查，应无堵塞及结垢。
	2. 密封面	2. 目测有无影响密封的缺陷，如凸起、凹坑、划痕，密封面应无径向划痕或损伤。
	3. 管束防腐	3. 对于涂料防腐的管束，目测及测量检查脱落情况，判断是否可以使用至装置运行周期末。涂层脱落后，重新打磨，更新涂层或者委托厂家修复处理。结合实际的情况，可邀请专业厂家进行涂层检查，并进行修复。
	4. 管子	4. 目测、内窥镜、涡流测厚等无损检测方法，检查管子腐蚀、变形等损坏情况。
	5. 管板及其它管束构件	5. 目测及测量检查管板、折流板、防冲挡板等腐蚀及损坏情况。
小浮头及螺栓	1. 本体及密封面	1. 目测及测量检查浮头盖完好情况，目测密封面有无影响密封的缺陷，如凸起、凹坑、划痕，密封面应无径向划痕或损伤。
	2. 牺牲阳极	2. 检查水冷器牺牲阳极块腐蚀情况是否严重，根据腐蚀速率估算是否可使用一个周期。
	3. 螺栓	3. 目测、测量检查螺栓的腐蚀、螺纹损坏情况。

续表

设备部位	检查项目	检查内容及标准
管箱	1. 本体及密封面	1. 目测及测量检查浮头盖完好情况，目测密封面有无影响密封的缺陷，如凸起、凹坑、划痕，密封面应无径向划痕或损伤。
	2. 牺牲阳极块	2. 检查水冷器牺牲阳极块腐蚀情况是否严重，根据腐蚀速率估算是否可使用一个周期。
外头盖	1. 本体及密封面	1. 目测及测量检查外头盖完好情况，目测密封面有无影响密封的缺陷，如凸起、凹坑、划痕，密封面应无径向划痕或损伤。

3.2.3.2 板式换热器（以板框式换热器为例）

板式换热器隐蔽项目检查方法如表 3 所示。

表 3　板式换热器隐蔽项目检查方法

设备部位	检查项目	检查方法及标准
支承、立柱	1. 支承外形	1. 目测有无变形、裂纹等缺陷。
盖板	1. 本体	1. 检查盖板本体有无变形、腐蚀减薄、裂纹等缺陷；检查紧固螺栓有无松动、腐蚀、螺纹损坏等缺陷。冲蚀、腐蚀减薄应在 GB/T 150《压力容器》所规定的范围内。
	2. 密封面	2. 目测有无影响密封的缺陷，如凸起、凹坑、划痕，密封面应无径向划痕或损伤。必要时可着色检查密封面缺陷。
面板	1. 本体	1. 检查面板本体有无变形、腐蚀减薄、裂纹等缺陷；检查紧固螺栓有无松动、腐蚀、螺纹损坏等缺陷；着色检查工艺接管开孔焊缝有无夹渣、裂纹等缺陷。建议一个周期至两个周期，拆至厂房进行打压检查，邀请生产厂家共同检查。
	2. 密封面	2. 目测有无影响密封的缺陷，如凸起、凹坑、划痕，密封面应无径向划痕或损伤。必要时可着色检查密封面缺陷。
密封圈	1. 本体	1. 检查密封圈外表面有无开裂、变形、缺损等缺陷。
垫片	1. 本体	1. 检查垫片是否有划痕、断裂等缺陷。

续表

设备部位	检查项目	检查内容及标准
板片组	1. 槽形板、管箱	1.1 检查板片有无变形、穿孔、裂纹、腐蚀等缺陷（可用透光、着色检查方法，查出废板片）；检查板片表面有无结垢。
		1.2 组装板片，检查板片有无错边等缺陷；检查板片间密封垫有无变形，开裂等缺陷。
		1.3 检查管箱本体和密封面有无变形、腐蚀减薄、裂纹等缺陷。
	2. 板片组试压	2. 拆开板式换热器，清除表面上的污垢，擦干后将换热器重新组装起来。在一侧进行压力为0.2~0.3MPa的水压试验。观察另一侧板片的出水位置并做好标记，打开后检查未试压侧的板片，其中湿的板片则是损坏。
接管	1. 本体	1. 目测检查表面有无变形、腐蚀减薄、裂纹等缺陷；着色检查接管焊缝有无开裂、砂眼等。
	2. 接管法兰密封面	2. 目测有无影响密封的缺陷，如凸起、凹坑、划痕，密封面应无径向划痕或损伤。必要时可着色检查密封面缺陷。
螺栓	1. 本体	1. 目测、测量检查螺栓的腐蚀、螺纹损坏情况。

3.2.4 处理措施及更换周期

3.2.4.1 普通换热器

（1）换热管堵塞

采用高压水清洗，特殊情况下配合采用机械疏通或化学清洗。

（2）换热器管腐蚀泄漏

管子有破裂或腐蚀穿漏，可用堵头将此管堵住，必要时加焊。同一管程内，堵死管子一般不应超过管子总数的10%，如工艺允许，可以适当增加，否则应更换管束、材质升级及采取其它防腐措施。如管束管子与管板处有渗漏，可进行补胀或焊接，如采用补胀，补胀数最多不超过三次，否则需换管子。将各缺陷处理后，重新升压，直到合格为止。

（3）换热器防腐层检查

根据管束使用周期，综合确定重新防腐或进行材质升级方案。

（4）浮头螺栓更换

按5%～10%的比例备料更换，视情况增、减更换比例。

（5）水冷器涂层及牺牲阳极

管束及管板涂层失效或脱落较多时需要重新防腐；出现过泄漏的水冷器需重新做冷涂处理。根据使用周期，如估算无法使用至周期末应更换新牺牲阳极块。

（6）压力容器检验缺陷修复

壳体及焊缝修补等压力容器缺陷修复按SHS 01004《压力容器维护检修规程》、TSG 21《固定式压力容器安全技术监察规程》的要求执行。

3.2.4.2 板式换热器

（1）板片流道堵塞，表面结垢

可采用化学清洗、机械清洗、综合清洗。化学清洗应遵循给定的方案并使用规定的清洁剂。清洗溶液必须向上流动，如果可能的话清洗溶液的流量控制在50%的设计流量。机械清洗用高压水清洗（水力冲洗的压力不得超过50MPa）。

（2）板片和密封垫损坏

检查出来的废板片和垫片都要进行更换，重新组装后使用。更换废板片和损坏的密封垫后，组装后必须对每个通道进行压力试验，同时保持另一侧与周围大气压相通。试验压力按设备铭牌上的压力进行水压试验。对于每个通道的保压时间为30min。

（3）面板和盖板缺陷修复

面板和盖板密封面小凹坑补焊后，打磨齐平；裂纹需打磨再补焊、打磨齐平。修复后的密封面着色检查合格。如面板和盖板损坏严重，则安排更换。

（4）螺栓更换

按5%～10%的比例备料更换，视情况增、减更换比例。

3.3 初馏塔

3.3.1 结构简图

初馏塔结构如图 9 所示。

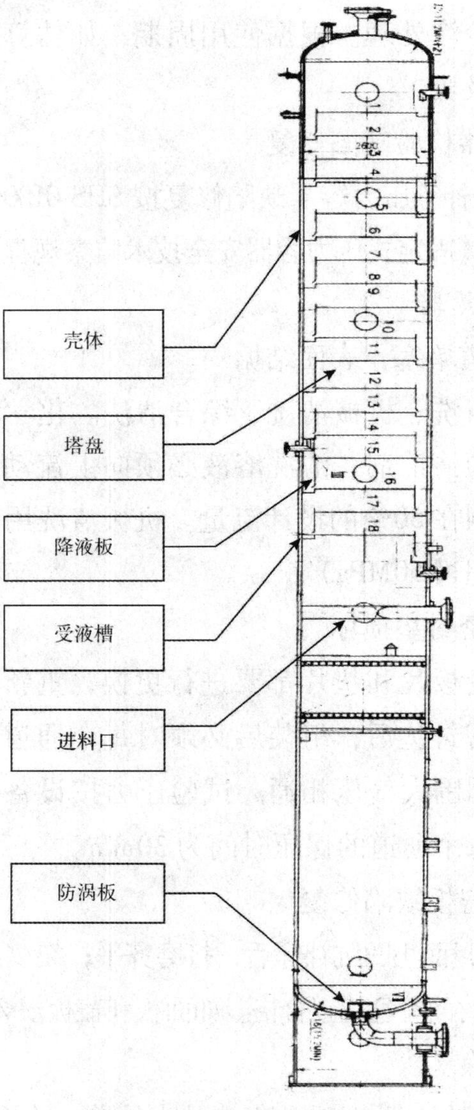

图 9　初馏塔结构简图

3.3.2 结构特点和失效机理

初馏塔分为进料段、精馏段、提馏段，一般采用板式塔。根据原油性质、进料温度、处理量大小和操作压力高低等因素界定塔的主体尺寸，同时也根据液相负荷的大小选定液相在塔盘流动程数，气相负荷的大小及塔盘性能决定塔盘开孔率，一般初馏塔选用各种形式的浮阀塔盘较多，在提馏段也有运用泡罩塔盘，塔顶回流设置回流分布器以利均匀分布液体回流，塔底吹扫蒸汽设置蒸汽分布器以保证蒸汽进塔的均匀合理分布，进料段设置进料分布器，将进料中的气液相进行分离的同时减少液相携带和压降。根据炼制原油性质，确定原油中硫含量及酸值，以及初馏塔进料温度。220℃以上部位，对于高硫原油以及高硫高酸原油，要考虑材质防腐，参见 SH/T 3096《高硫原油加工装置设备和管道设计选材导则》。

初馏塔存在的腐蚀类型主要为：$HCl + H_2S + H_2O$，易腐蚀部位主要为塔顶封头、塔壁、上层塔盘及塔顶冷凝冷却系统。通常其筒体材料多为复合钢板，外层是普通碳钢板，内层是不锈钢或者其他更耐腐蚀的的钢材，塔内件的材料多为不锈钢。

对碳钢构件说，腐蚀形态多为均匀腐蚀减薄，对 0Cr13（0Cr13Al）为点蚀，对 18－8 奥氏体不锈钢来说，主要为应力腐蚀开裂。

3.3.3 隐蔽项目检查方法

根据正常生产时工艺的总体运行情况，有针对性地制定检修计划，着重检查日常发现问题的地方，检修总体上参照 SHS 01007《塔类设备维护检修规程》执行。受压元件的维护检查遵照 SHS 01004《压力容器维护检修规程》执行。

初馏塔隐蔽项目检查方法如表 4 所示。

表 4　初馏塔隐蔽项目检查方法

设备部位	检查项目	检查内容及标准
壳体	1. 宏观检查	1.1 目视检查塔体外部，无腐蚀、鼓包、变形。
		1.2 目视或用 5～10 倍放大镜检查外部对接焊缝、接管角焊缝，无裂纹。接管角焊缝可以用尖头锤敲击检查，判断是否存在脱落、减薄等情况。
		1.3 重点检查初顶回流以上，以及回流口以下 5 层的内部筒体，目视检查无腐蚀凹坑、凹槽。
		1.4 对于加贴衬板的，要检查焊缝的情况，若是焊缝穿口，会残留油迹，可以用尖头锤敲击，从声音判断衬板紧贴程度。肉眼检查，衬板的表面是否存在明显的点蚀。
		1.5 检查各个抽出口、仪表口是否顺畅，是否存在堵塞，如果有抽出挡板的，应先抽干周围的残留液体，检查抽出挡板情况，不能有松动、晃动的情况。
		1.6 检查筒体的外保温、保温支承结构及油漆的情况，以及焊点有无脱落。
	2. 壁厚测量	2. 首先保证剩余壁厚应大于安全壁厚，同时对比上一次的数据，计算腐蚀速率，针对现在加工高酸高硫的原油，一般腐蚀速率≤0.25mm/a，如果有必要，扩大检测范围。同时参照现在的腐蚀速率，计算剩余的壁厚是否能满足下一个大修周期的安全使用。重点检查部位如下： ①各段筒体分别进行抽检测厚，具体的测量点数，视塔的直径决定，一般为 4～8 个点。 ②对筒体上的各个出口及返回口的法兰颈或者直管段进行测厚，对于伸入塔内的接管，也应进行测厚，剩余厚度可满足下一周期使用要求。 ③根据日常操作液位波动区域上下 1000mm 区域。 ④上、下部封头。 ⑤发现严重腐蚀部位及冲刷凹陷处。 ⑥棱角度较严重的部位。
	3. 无损检测	3.1 主焊缝进行磁粉探伤，不少于 20%。
		3.2 渗透支承梁焊缝、管口焊缝裂纹情况。
		3.3 衬板着色检查。

续表

设备部位	检查项目	检查内容及标准
塔内件	1. 宏观检查	1.1 目视检查塔盘降液板、受液盘等部件，无结焦、污垢、堵塞。
		1.2 目视检查塔板、鼓泡元件和支承结构，无腐蚀、变形，坚固可靠。
		1.3 检查其浮阀、条阀，无卡死、变形、磨损等现象，浮阀、条阀孔无堵塞。
		1.4 使用尖头锤敲击检查塔盘及紧固件，应该是连接坚固牢靠，不能有任何松动现象。
		1.5 统计浮阀、条阀的缺失率，以及塔内紧固件的完好程度，及时修复，确保能满足在下一个生产周期使用。
		1.6 检查塔内接管的紧固件及法兰密封件，无松动及腐蚀。
	2. 测量检查	2.1 对塔盘、鼓泡元件和塔内构件进行测厚，测厚的点数视宏观检查的腐蚀情况决定，一般进行抽检；发现出问题的数量较大的时候，考虑铺开全面检查，一个原则是其剩余厚度应保证至少能使用到下个检修周期。
		2.2 浮阀弯脖角度一般为45°～90°，且浮阀应开启灵活开度一致，不得有卡涩和脱落现象。
		2.3 塔盘上阀孔直径冲蚀后，其孔径增大值不大于2mm。
		2.4 支承圈上表面应平整，（用水平仪测量）整个支承圈水平度允差为3mm（$D \leq 1600$）、5mm（$D = 1600 \sim 4000$）、6mm（$D = 4000 \sim 6000$）；相邻两层支承圈的间距尺寸偏差为±3mm，任意两层支承圈间距尺寸偏差在20层内为±10mm。抽查降液板离受液盘的高度。
		2.5 支承梁上表面应平直，其直线度公差为1‰L（L为支承梁长度），且不大于5mm；支承梁上表面应与支承圈上表面在同一水平面上，（用水平仪测量）水平度允差为3mm。
进料口	1. 宏观检查	1. 主要检查防冲刷板的情况，是否存在明显的腐蚀、各个支承板是否存在松动，用尖头锤敲击检查，确认其支承能力。

续表

设备部位	检查项目	检查内容及标准
密封面	1. 宏观检查	1. 密封面光洁无机械损伤、径向刻痕、严重锈蚀等缺陷。
	2. 无损检测	2. 结合日常运行及宏观检查情况，必要时对密封面进行无损检测，无裂纹。
塔附件	1. 检查塔区消防线、放空线等安全设施	1. 宏观检查消防线、放空线齐全畅通。
	2. 检查梯子、平台、栏杆	2. 目视或用敲击检查，钢结构焊缝无开裂，平台板、楼梯踏板、护栏无缺失，无腐蚀穿孔，无变形，连接牢固，有足够承重和防护能力，防腐涂层、防火层完好。
塔体防腐	1. 宏观检查	1.1 塔体防腐层不应有鼓泡、裂纹和脱层。
		1.2 抽查保温拆开处，无保温层下腐蚀。

3.3.4 处理措施及更换周期

（1）检修材料质量情况跟踪：对于特殊材质的，或者材质有要求的部分，要在材料到货后，对材料进行抽检确认是否相符；关键配件的尺寸参数也需要抽检确认。

（2）受压元件的维护检修遵照 SHS 01004《压力容器维护检修规程》。

（3）裂纹处理：塔体的裂纹有很多种，处理情况也分别不一样：

①不穿透的裂纹：当深度不超过壁厚的40%时，应先将裂纹两端各钻一个小孔，防止裂纹继续扩展。然后从裂纹两侧铲出坡口。深度以铲除裂缝为准，然后采用分段倒退法进行焊接，以减少热应力和热变形，若是复合板，则焊接材料考虑用与复合板材料相当或者更高级别，焊接完成之后，视要求，可以考虑做局部的热处理，并着色检查。

②穿透的窄裂缝（厚度小于15mm），应先将裂缝两端各钻一个直径稍大于裂缝宽度的孔，沿裂缝两侧铲出坡口。当厚度小于12~15mm

时，可采用单面坡口；厚度大于 12 ~ 15mm 时，采用双面坡口；当裂缝长度小于 100mm 时，可一次焊完。否则可采用分段倒退法进行焊接，以减少热应力。施焊时应从裂缝的两端向中间进行，并采用多层焊。凡有应力集中的部位，不能用此法补焊。

③穿透的宽裂缝（厚度大于 15mm），应将带有整个裂缝的钢板切割一块下来，在切口边缘加工出坡口，然后再补焊一块同样大小的相同材料的钢板。切下来的钢板的长度比裂缝长度要大 50 ~100mm，宽度不小于 250mm，以避免在焊接补板的两条平行焊缝时彼此相互产生影响。补板时应采用从中心向两端的对称分段焊接法，这样可使补板四周的间隙均匀。

（4）对于内衬板不是复合板一体的情况，若是出现内衬板鼓包，焊缝穿孔（残留油迹）等情况，考虑单独更换出问题的贴板，或者对焊缝进行补焊。对测厚发现有明显减薄或者当前厚度已经无法满足下个周期安全生产的情况，进行更换；对于接管腐蚀或者接管与塔壁的角焊缝检查不符合要求的，进行更换接管或者打磨角焊缝，重新补焊好。

3.4 常压塔

3.4.1 结构简图

常压塔结构如图 10 所示。

3.4.2 结构特点和失效机理

常压塔分为进料段、精馏段和提馏段。大多采用板式塔盘或板式塔盘和填料的组合形式。根据原油性质、进料温度、处理量大小和操作压力高低等因素界定塔的主体尺寸，同时也根据液相符合的大小选

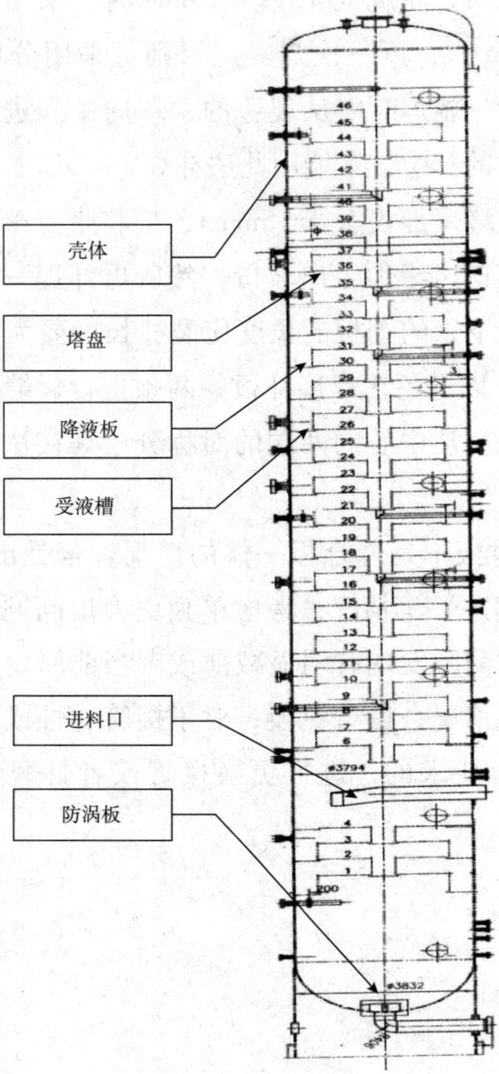

图 10　常压塔结构简图

定液相在塔盘流动程数，气相负荷的大小及塔盘性能决定塔盘开孔率（或者填料形式和高度），产品抽出设置抽出斗或集油箱，塔顶回流和中段回流设置回流分布器，塔底吹扫蒸汽设置蒸汽分布器以保证吹扫蒸汽或汽提蒸汽进塔的均匀合理分布，进料段设置进料分布器，将进料中的气液相进行分离的同时减少液相携带和压降。

常压塔的腐蚀机理为低温轻油部位的 $HCl + H_2S + H_2O$ 腐蚀以及高温重油部位 $S + H_2S + RSH + RCOOH$ 腐蚀。易腐蚀部位主要为塔顶5层塔盘及以上部位的塔壁、顶封头和塔内件，对碳钢构件说，腐蚀形态多为均匀腐蚀减薄，对0Cr13（0Cr13Al）为点蚀，对18－8奥氏体不锈钢来说，主要为应力腐蚀开裂。另外，5层塔盘以下至塔底温度大于220℃的塔壁及塔内构件的高温硫和高温环烷酸的腐蚀，腐蚀形态多为高温硫腐蚀的均匀腐蚀减薄及高温环烷酸的沟槽状的冲刷腐蚀。常压塔柴油馏分侧线等出现环烷酸凝液处，也可能出现较严重腐蚀。

3.4.3 隐蔽项目检查方法

常压塔隐蔽项目检查方法如表5所示。

表5　常压塔隐蔽项目检查方法

设备部位	检查项目	检查内容及标准
壳体	1. 宏观检查	1.1 目视检查塔体外部，无腐蚀、鼓包、变形。
		1.2 目视或用5～10倍放大镜检查外部对接焊缝、接管角焊缝，无裂纹。接管角焊缝可以用尖头锤敲击检查，判断是否存在脱落、减薄等情况。
		1.3 重点检查常顶回流以上，以及回流口以下5层的内部筒体，目视检查，无腐蚀凹坑、凹槽。
		1.4 对于加贴衬板的，要检查焊缝的情况，若是焊缝穿口，会残留油迹，可以用尖头锤敲击，从声音判断衬板紧贴程度。肉眼检查，衬板的表面是否存在明显的点蚀。
		1.5 检查各个抽出口、仪表口是否顺畅，是否存在堵塞，如果有抽出挡板的，应先抽干周围的残留液体，检查抽出挡板情况，不能有松动、晃动的情况。
		1.6 检查筒体的外保温、保温支承结构及油漆的情况，以及焊点有无脱落。

续表

设备部位	检查项目	检查内容及标准
壳体	2. 壁厚测量	2. 首现保证剩余壁厚应大于安全壁厚，同时对比上一次的数据，计算腐蚀速率，针对现在加工高酸高硫的原油，一般腐蚀速率≤0.25mm/a，如果有必要，扩大检测范围。同时参照现在的腐蚀速率计算，剩余的壁厚是否能满足下一个大修周期的安全使用。重点检查部位如下： ①各段筒体分别进行抽检测厚，具体的测量点数，视塔的直径决定，一般为4~8个点。 ②对筒体上的各个出口及返回口的法兰颈或者直管段进行测厚，对于伸入塔内的接管，也应进行测厚，剩余厚度可满足下一周期使用要求。 ③根据日常操作液位波动区域上下1000mm区域。 ④上、下部封头。 ⑤发现严重腐蚀部位及冲刷凹陷处。 ⑥棱角度较严重的部位。
	3. 无损检测	3.1 主焊缝进行磁粉探伤，不少于20%。
		3.2 渗透抽查支承梁焊缝、管口焊缝裂纹情况。
		3.3 衬板进行着色检查。
塔内件	1. 宏观检查	1.1 目视检查塔盘降液板、受液盘等部件，无结焦、污垢、堵塞。
		1.2 目视检查塔板、鼓泡元件和支承结构，无腐蚀、变形，坚固可靠。
		1.3 检查其浮阀、条阀，无卡死、变形、磨损等现象，浮阀、条阀孔无堵塞。
		1.4 使用尖头锤敲击检查塔盘及紧固件，应该是连接坚固牢靠，不能有任何松动现象。
		1.5 统计浮阀、条阀的缺失率，以及塔内紧固件的完好程度，及时修复，确保能满足在下一个生产周期使用。
		1.6 检查塔内接管的紧固件及法兰密封件，无松动及腐蚀。
	2. 测量检查	2.1 对塔盘、鼓泡元件和塔内构件进行测厚，测厚的点数视宏观检查的腐蚀情况决定，一般进行抽检；发现出问题的数量较大的时候，考虑铺开全面检查，一个原则是其剩余厚度应保证至少能使用到下个检修周期。

续表

设备部位	检查项目	检查内容及标准
塔内件	2. 测量检查	2.2 浮阀弯脖角度一般为45°～90°，且浮阀应开启灵活开度一致，不得有卡涩和脱落现象。
		2.3 塔盘上阀孔直径冲蚀后，其孔径增大值不大于2mm。
		2.4 支承圈上表面应平整，（用水平仪测量）整个支承圈水平度允差为3mm（$D \leqslant 1600$）、5mm（$D=1600\sim4000$）、6mm（$D=4000\sim6000$）；相邻两层支承圈的间距尺寸偏差为±3mm，任意两层支承圈间距尺寸偏差在20层内为±10mm。抽查降液板离受液盘的高度。
		2.5 支承梁上表面应平直，其直线度公差为1‰L（L为支承梁长度），且不大于5mm；支承梁上表面应与支承圈上表面在同一水平面上，（用水平仪测量）水平度允差为3mm。
进料口	1. 宏观检查	1. 主要检查防冲刷板的情况，是否存在明显的腐蚀、各个支承板是否存在松动，用尖头锤敲击检查，确认其支承能力。
密封面	1. 宏观检查	1. 密封面光洁无机械损伤、径向刻痕、严重锈蚀等缺陷。
	2. 无损检测	2. 结合日常运行及宏观检查情况，必要时对密封面进行无损检测，无裂纹。
塔附件	1. 检查塔区消防线、放空线等安全设施	1. 宏观检查消防线、放空线齐全畅通。
	2. 检查梯子、平台、栏杆	2. 目视或用敲击检查，钢结构焊缝无开裂，平台板、楼梯踏板、护栏无缺失，无腐蚀穿孔，无变形，连接牢固，有足够承重和防护能力，防腐涂层、防火层完好。
塔体防腐	1. 宏观检查	1.1 塔体防腐层不应有鼓泡、裂纹和脱层。
		1.2 抽查保温拆开处，无保温层下腐蚀。

3.4.4 处理措施及更换周期

（1）检修材料质量情况跟踪：对于特殊材质的，或者材质有要求的部分，要在材料到货后对材料进行抽检确认是否相符；关键配件的尺寸参数也需要抽检确认。

（2）受压元件的维护检修遵照 SHS 01004《压力容器维护检修规程》。

（3）裂纹处理：塔体的裂纹有很多种，处理情况也分别不一样：

①不穿透的裂纹：当深度不超过壁厚的 40% 时，应先将裂纹两端各钻一个小孔，防止裂纹继续扩展。然后从裂纹两侧铲出坡口。深度以铲除裂缝为准，然后采用分段倒退法进行焊接，以减少热应力和热变形，若是复合板，则焊接材料考虑用与复合板材料相当或者更高级别，焊接完成之后，视要求，可以考虑做局部的热处理，并着色检查。

②穿透的窄裂缝（厚度小于 15mm），应先将裂缝两端各钻一个直径稍大于裂缝宽度的孔，沿裂缝两侧铲出坡口。当厚度小于 12 ~15mm 时，可采用单面坡口；厚度大于 12 ~15mm 时，采用双面坡口；当裂缝长度小于 100mm 时，可一次焊完。否则可采用分段倒退法进行焊接，以减少热应力。施焊时应从裂缝的两端向中间进行，并采用多层焊。凡有应力集中的部位，不能用此法补焊。

③穿透的宽裂缝（厚度大于 15mm），应将带有整个裂缝的钢板切割一块下来，在切口边缘加工出坡口，然后再补焊一块同样大小的相同材料的钢板。切下来的钢板的长度比裂缝长度要大 50 ~100mm，宽度不小于 250mm，以避免在焊接补板的两条平行焊缝时彼此相互产生影响。补板时应采用从中心向两端的对称分段焊接法，这样可使补板四周的间隙均匀。

（4）对于内衬板不是复合板一体的情况，若是出现内衬板鼓包，焊缝穿孔（残留油迹）等情况，考虑单独更换出问题的贴板，或者对焊缝进行补焊，更换贴板时，要首先进行清洗，焊接完成后，要进行着色，并同时进行打压查漏，最后在封好打压孔。对测厚发现有明显减薄或者当前厚度已经无法满足下个周期安全生产的情况，进行更换；对于接管腐蚀或者接管与塔壁的角焊缝检查不符合要求的，进行更换接管或者打磨角焊缝，重新补焊好。

3.5 减压塔

3.5.1 结构简图

减压塔结构如图 11 所示。

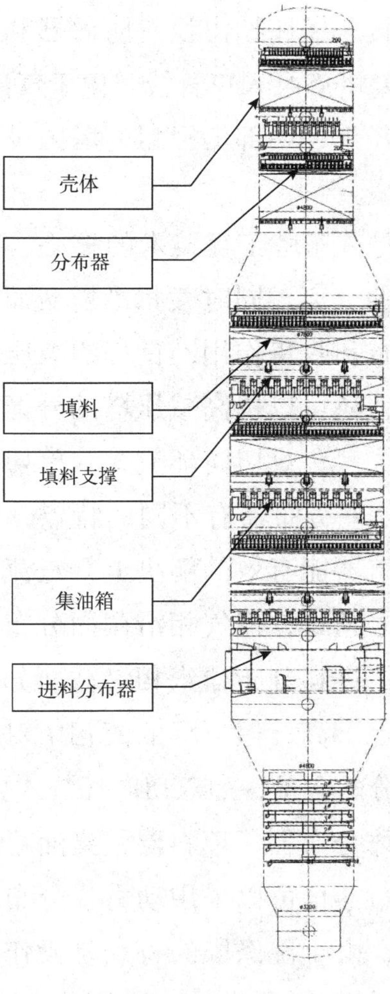

图 11　减压塔结构简图

3.5.2 结构特点和失效机理

减压塔分为进料段、精馏段和提馏段三部分，精馏段根据产品要求分为多个侧线抽出和回流，塔顶设有塔顶回流，以控制塔顶及各个侧线抽出温度，满足各个侧线抽出及塔顶产品质量要求，各个抽出设有集油箱，塔的顶回流和中段回流设有回流分配器，进料段设有气液分离器及分布器，合理分配减压塔进料物料，设置捕液器，收集上升气体中夹带的液体颗粒，塔底抽出设有防涡器和抽出过滤器，以防止造成塔底泵抽空或堵塞塔底泵入口管线，由于气液相负荷变化的原因，减压塔顶部和底部塔径细，中部塔径粗，塔内设置填料或低压降板式塔盘及其组合内件。

减压塔的进料段是减压塔工程技术的核心，其作用就是将进料中的气液两相进行有效的分离，同时气相沿塔截面获得良好的分布，液相也有一个良好的分布和收集作用，良好的减压塔进料段结构不但可以稳定减压塔的操作，还可以提高减压塔的分馏效果。常见的减压塔进料分布器有很多形式，有双切向环流式、单切向环流式、切向号角式、双列叶片式灯，这些分布器有不同的特点，适应不同的减压塔进料环境，有的进料分布器能有效的解决上升汽流中对液沫的夹带，如单切向环流式及切向号角式，但气相沿截面分布不均匀，在塔的中心会产生漩涡气流；有的进料分布器汽相沿截面分布会比较均匀，上升气流中对液沫的夹带也不高，但下降的液相中对气相有所夹带，会影响塔底中产品的轻组分的含量，如双切向环流式分布器等。

洗涤段有回流液体分布器、填料层、集油箱；洗涤段的液体分布器可以采用重力式分布器也可以采用动力式分布器，主要原则是使填料表面能够充分润湿，由于洗涤段的特点是操作温度高，液体喷淋密度低，选用动力式液体分布器时，要考虑喷嘴的抗堵塞抗结焦能力，避免过度雾化，为保证填料表面的充分润湿，分布器的选择要采用较大的覆盖重叠度，通常应不小于60%，因此应该选择较大的喷淋夹角，以避免分布器的安装高度过高，要考虑一旦出现喷嘴堵塞所造成的后果，喷嘴个数和喷淋通量应相适应；选择重力式分布器应该注意的是，由于小孔流动，孔径过小容易发生堵塞，加大孔径会造成单位面积内分布孔过少导致液体不能再填料床层很好分布，造成填料表面出现不能被液体润湿而结焦现象，液体在槽内也不能过高而产生液位梯度，影响液体分布效果；集油箱主要任务是收集来自填料床层的液体，同时也对经过集油箱上升的汽体有一个较好的分布，一般采用方形或圆形升气筒，近来也有采用长槽式，集油箱对气体的分布取决于单个升气筒的形式、截面积的大小和布置情况，对气体分布要求严格的集油箱，采用较小结构的升气筒并均匀地布置在塔的截面上，同时保持必要的气体通过压降。集油箱的特点是全密封焊接，防止液体泄漏，但高温操作必须考虑金属材料高温环境下强度的降低和受热膨胀引起的变形和开裂，特别是大型塔器。减压塔的下部通常有两种结构，一种是人字挡板结构，用以缓冲由进料而来的液体，防止高速液体对塔底液面的过分冲击，这种结构多用于湿式减压蒸馏操作，塔的底部吹入一定量的水蒸气，汽提塔底渣油中的轻组分。由于减压塔塔底介质温度高，介质重，易结焦，易沉积，塔底往往设置急冷油，以降低塔底介质温度，同时控制塔底介质停留时间，同时在塔底抽出口设置阻焦器及防涡器，防止少量结焦焦块堵塞塔底抽出管线及涡流携带气体进入减底泵入口引起泵抽空。以上是减压的各个部位的大概原理，考虑正常生产时，塔内的介质为高温重油，重点检查的就是设备的腐蚀情况，含填料、支承圈、升气孔、分布器，集油箱等。

减压塔的腐蚀机理为塔顶冷凝冷却系统的 $HCl + H_2S + H_2O$ 腐蚀以及高温重油部位 $S + H_2S + RSH + RCOOH$ 腐蚀。减压塔的易腐蚀部位主要发生在气液两相及液相（大于70℃）的塔壁及填料等塔内构件，对碳钢构件说，腐蚀形态多为酸露点腐蚀引起的坑蚀，对18－8奥氏体不锈钢来说，主要为应力腐蚀开裂。另外，对于温度大于220℃的塔壁及填料等塔内构件的高温硫和高温环烷酸的腐蚀，腐蚀形态多为高温硫腐蚀的均匀腐蚀减薄及高温环烷酸的沟槽状的冲刷腐蚀。

3.5.3 隐蔽项目检查方法

根据正常生产时工艺的总体运行情况，有针对性地制定检修计划，着重检查日常发现问题的地方，检修总体上参照 SHS 01007《塔类设备维护检修规程》执行。受压元件的维护检查遵照 SHS 01004《压力容器维护检修规程》执行。

减压塔隐蔽项目检查方法如表6所示。

表6 减压塔隐蔽项目检查方法

设备部位	检查项目	检查内容及标准
壳体	1. 宏观检查	1.1 检查塔体腐蚀、变形、裂纹及各部件焊接情况，筒体材料为复合板的还应检查其腐蚀、鼓包和各段对接焊缝的情况，检查人孔密封面的情况。
		1.2 肉眼检查塔内壁是否存在明显的点蚀，尤其是减过、减三部分。
		1.3 减压塔各个侧线抽出位置都有集油箱，检查前需要安排先将集油箱内的液体全部抽干净，检查各个抽出口是否顺畅，是否存在堵塞，如果有抽出挡板的，检查抽出挡板情况，不能有松动、晃动的情况。
		1.4 检查集油箱浮球有无腐蚀、变形、卡涩等。
	2. 壁厚测量	2.1 筒体分别进行抽检测厚，具体的测量点数，视塔的直径决定，一般为4~8个点，对比上一次的数据，计算腐蚀速率，针对现在加工高酸高硫的原油，一般腐蚀速率≤0.25mm/a，如果有必要，扩大检测范围。
		2.2 对筒体上的各个出口及返回口的法兰颈或者直管段进行测厚，对于伸入塔内的接管，也应进行测厚。重点检查热电偶、变送器管嘴等腐蚀情况，对比往年的检查记录，必要时进行更换或者材质升级。
	3. 无损检测	3.1 主焊缝进行磁粉探伤，不少于20%。
		3.2 渗透抽查支承梁焊缝、管口焊缝裂纹情况。
		3.3 衬板进行着色检查。

续表

设备部位	检查项目	检查内容及标准
塔内件	1. 分布器检查 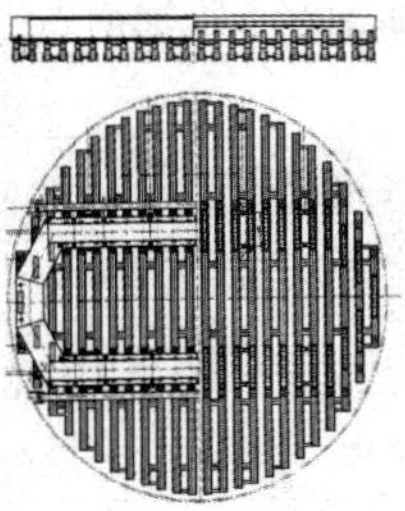	1.1 槽式液体分布器：检修时要清理干净里面的各种油泥，检查各个布液孔的畅通状况，关键点在于控制好各槽的水平度，对照原始设计，检查布液孔径有无因腐蚀变大，必要时进行修复处理；检查其固定的紧固件冲刷、腐蚀的情况。
		1.2 管式分布器：检修时需要检查各个孔的堵塞情况，不能有任何堵塞，接管的紧固件必须检查完好，法兰连接要在试验液体分布时进行法兰密封面紧漏。
		1.3 盘式分配器：主要检查升气孔的腐蚀情况，升气孔挡板是否坚固完好，液体分布盘上的淋液孔是否畅通，紧固分布管的卡件是否紧固无松动，对于塔直径大的情况，同样要检查液体分布盘的水平度。
		1.4 喷射式分布器：关键部位是喷嘴，重点检查其各位的尺寸与原始安装时尺寸的差别，按照产品相关要求进行更换或者修复。
	2. 填料压圈	2. 重点检查塔壁支耳的腐蚀情况，调节螺栓的腐蚀情况，以及小单元格栅的腐蚀情况及连接紧固件的情况。
	3. 填料	3.1 普遍的填料为规整填料，检查时，主要考虑从腐蚀、松动、坍塌等方面进行。重点检查部位在减二中、减三中及减过段的填料。
		3.2 从外观上检查填料有无明显的失去金属光泽，单片填料的强度、刚度情况，有无明显的腐蚀、冲刷减薄。
		3.3 隔着填料压圈及分布器，可以从填料与压圈间的距离来判断整个填料床层的腐蚀情况，一般在填料安装完成后是压紧的，也就是紧贴的，检查是否存在间隙或者明显的倾倒、塌陷，吹翻等问题。
	4. 填料支承	4. 检查上下表面的平整度，一般平面度偏差不小于 2 ~ 4mm。只能在升气孔层，由下往上检查填料支承，部分位置甚至需要进行搭架检查。支承梁上表面应平直，其直线度公差值为 1‰*L*（*L* 为支承梁长度），且不大于 5mm，支承梁组装中心位置偏差为 ±2mm，支承梁安装后其上表面应与支承圈上表面处于同一水平面上。

续表

设备部位	检查项目	检查内容及标准
塔内件	5. 集油箱	5.1 重点检查集油箱是否存在泄漏，着重部位是各种角焊缝的泄漏情况，直接目视判断，哪个位置漏的最大，漏点就在哪个位置，也通过双人共同检查，通过强光手电进行照射，在下方的人检查漏光的情况，来判断漏点位置。
		5.2 其次重点检查的部位是位于各个升气孔顶部挡液板及其紧固螺栓、支承板的腐蚀情况，必要时可以进行防松动措施。
	6. 进料分布器	6. 重点检查其冲刷与角焊缝的情况，一般此处的位置较高，可以考虑从转油线入内检查，或者塔内搭架直接检查。
	7. 壁流收集器	7. 主要检查其冲刷腐蚀的情况，与塔壁焊接的位置有无开裂、脱焊等，必要时进行补焊。
	8. 塔底板式塔盘	8. 参照板式塔的检查方法和标准进行。
	9. 汽提蒸汽管检查	9. 检查汽提蒸汽管的冲刷腐蚀情况，测厚并对比原始厚度进行校核，检查出汽孔有无堵塞。
塔体防腐	1. 宏观检查	1.1 检查拆开保温处无保温层下腐蚀。
		1.2 减压塔一般为两头小，中间粗的结构，因此，变径位置处的保温、防腐是重点检查的地方。

3.5.4 处理措施及更换周期

（1）裂纹的处理参见初馏塔的处理方式。

（2）分布器常见的问题就是保持水平度，疏通各个排液孔、管，保证每一个排液孔畅通，清理干净槽内的油泥，更换腐蚀严重的紧固件，具体更换周期视检查情况定，无固定的更换周期。

（3）填料压圈重点检查的是其与塔壁固定的吊耳及调节螺栓的腐蚀情况，腐蚀严重则需要更换；同时检查格栅板的减薄情况，更换周期视其刚度而定。如果有必要，可以进行适当的加密格栅处理。

（4）填料发现有如下问题时，及时进行更换：坍塌、倾倒、吹翻、无明显的金属光泽、腐蚀减薄明显、脆化等，具体的更换时间视所加工油种油性、检修周期的长短及填料的具体检查情况而定。部分填料可以考虑备料，视拆开检查的情况，进行更换填料。当检查情况较好或者更换量较少的时候，考虑清理利旧使用。

（5）集油箱对泄漏点进行补焊处理，必要时加装贴板；针对集油箱升气孔挡液板，更换有腐蚀的紧固件以及腐蚀减薄的挡液板。

（6）进料分布器：对冲刷腐蚀严重的挡板进行更换，修复存在问题的角焊缝。

（7）壁流收集器：对与塔壁焊接的位置的缺陷焊缝进行补焊、加固。

3.6 管式加热炉

3.6.1 结构简图

管式加热炉结构如图 12 所示。

3.6.2 结构特点及失效形式

现在广泛使用的是圆筒炉、立式炉和箱式炉。

（1）圆筒炉

辐射室为圆筒形的管式炉叫圆筒炉，对流室和烟囱布置在辐射室的上部，燃烧器布置在炉底，向上烧火。

（2）立式炉

立式炉的辐射室截面为较窄长的矩形，燃烧器布置在炉底，向上烧火。当辐射炉管水平布置时，一般在辐射室的上部切出斜肩，避免烟气流出死角。

（3）箱式炉

大型箱式炉是适应管式炉热负荷的大型化而产生的。其辐射室的

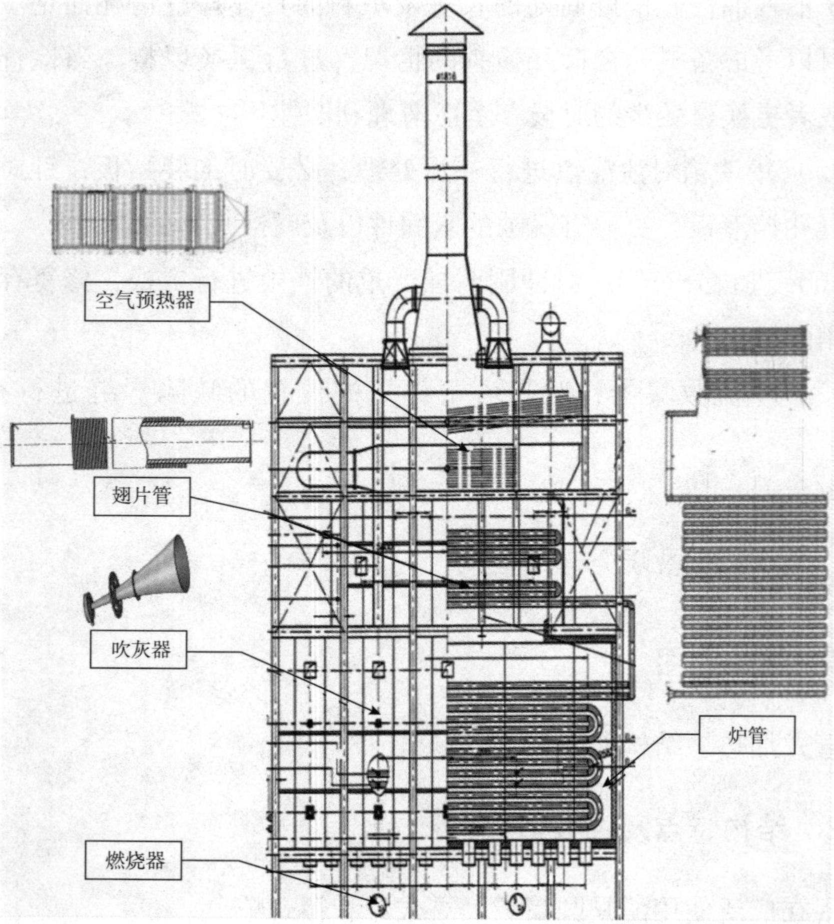

图 12　加热炉结构简图

外形为箱状六面体，辐射炉管可水平布置。但大多是立式布置。也有U 形或倒 U 形布置的。燃烧器布置有炉底向上烧火、炉顶向下烧火或端墙对烧等三种。

管式加热炉一般由辐射室、对流室、余热回收系统、燃烧及通风系统五部分组成。通常包括钢结构、炉管、炉墙、燃烧器、孔类配件等。

加热炉易腐蚀部位主要为炉管内壁，腐蚀机理为高温硫均匀腐蚀减薄和高温环烷酸的冲刷腐蚀；炉管外壁的高温硫化、氧化、燃灰腐蚀；炉体、空气预热器的高温烟气露点腐蚀。

3.6.3 隐蔽项目检查方法

管式加热炉隐蔽项目检查方法如表7所示。

表7 管式加热炉隐蔽项目检查方法

设备部位	检查项目	检查内容及标准
外部	1. 防腐保温检查	1. 检查炉体、烟囱钢结构和附属管线的保温、油漆及腐蚀、损坏情况。
	2. 炉壁板检查	2. 炉壁板测厚检查腐蚀减薄情况。
炉管	1. 外观检查	1. 炉管外观检查无弯曲变形、鼓包、氧化爆皮、裂纹、腐蚀、冲蚀等。
	2. 辐射炉管检测	2.1 重点检查部位如下： ①弯头100%测厚检查。 ②进出口管抽查50%。 ③其他直管段抽检10%。
		2.2 蠕变检查：每路炉管蠕胀抽查1~2处，重点检查炉底辐射管，外径增大超过5%需进行更换。
		2.3 硬度检查，重点检查及抽检部位如下： ①炉管迎火面最高温度部位必须检查1处，有过烧部位要另外检查。 ②铬钼钢炉管第一周期检修焊缝硬度检查100%检查。 ③每路炉管硬度抽查3处（重点检查底部焊缝及热影响区、母材等）。
		2.4 覆膜金相：结合炉管外观、蠕变、硬度检查结果，重点检查： ①每路炉管迎火面最高温度部位必须检查1处，每处3点（焊缝、热影响区、母材）。 ②蠕变、硬度检查异常及有过烧部位要另外检查。
		2.5 磁粉、着色表面检查。 ①炉管支吊架、导向管焊缝、热电偶贴焊部位处需100%磁粉、着色表面检查合格无裂纹。 ②炉管焊缝10%磁粉、着色表面检查。
		2.6 超声波探伤：第一个大修周期的炉管、铬钼钢炉管、碳钢炉管抽查20%；第二个大修周期及以上的炉管按5%抽查，上周期有问题的按15%抽查。

续表

设备部位	检查项目	检查内容及标准
炉管	2. 辐射炉管检测	2.7 射线探伤：不锈钢炉管焊缝抽查5%且不少于2道；铬钼钢、碳钢炉管焊缝抽查2%且不少于2道。
		2.8 热成像检查。
	3. 对流炉管检测	3.1 重点检查部位如下： ①弯头100%测厚检查。 ②进出口管抽查50%。 ③其他直管段抽检10%。
		3.2 蠕变检查：每路炉管蠕胀抽查1~2处，重点检查对流段最下面一组对流炉管，外径增大超过5%需进行更换。
		3.3 硬度检查，重点检查及抽检部位如下： ①对流段最下面一组对流炉管必须检查1处，有过烧部位要另外检查。 ②铬钼钢炉管第一周期检修焊缝硬度检查100%检查。 ③每路炉管硬度抽查3处（重点检查对流段最下面一组对流炉管焊缝及热影响区、母材等）。
		3.4 覆膜金相：结合炉管外观、蠕变、硬度检查结果，重点检查： ①每路炉管对流段最下面一组对流炉管必须检查1处，每处3点（焊缝、热影响区、母材）。 ②蠕变、硬度检查异常及有过烧位要另外检查。
		3.5 磁粉、着色表面检查。 ①炉管支吊架、热电偶贴焊部位处需100%磁粉、着色表面检查合格无裂纹。 ②炉管焊缝10%磁粉、着色表面检查。
		3.6 超声波探伤：第一个大修周期的炉管、铬钼钢炉管、碳钢炉管抽查20%；第二个大修周期及以上的炉管按5%抽查，上周期有问题的按15%抽查。
		3.7 射线探伤：不锈钢炉管焊缝抽查5%且不少于2道；铬钼钢、碳钢炉管焊缝抽查2%且不少于2道。
		3.8 对流炉管检查无结焦或硫磺，出现硫磺需进行化学清洗，管口与管箱连接密封良好。
	4. 炉管内外表面检查	4.1 清焦后，炉管内壁用光照或内窥镜检查，应无残焦，呈金属本色，无可见的损伤及裂纹、坑疤。
		4.2 清除灰垢后，外观检查炉管表面，应基本无积灰、结垢现象。

续表

设备部位	检查项目	检查内容及标准
炉管	5. 管板检查	5. 管板无变形、断裂，管板与炉管连接密封良好。
	6. 吊挂检查	6. 吊挂无变形、断裂，吊管与炉连接无卡涩，吊挂与炉管管箍紧固无松动。
	7. 导向管检查	7. 导向管无变形、断裂、松动无卡涩。
自控系统	1. 自控系统检查	1. 自控系统灵活，阀位无偏差。
氧化锆	1. 氧化锆检查	1. 氧化锆校验完好。
环保监测仪表	1. 环保监测仪表	1. 环保监测仪表校验完好。
衬里	1. 停工前炉外壁测温数据作为衬里检修的依据	1. 热成像级及测温仪检查炉外壁温度不大于 80℃ 为正常，大于 80℃ 需进行修复。
	2. 检查耐火砖、衬里、陶纤	2. 辐射室、对流室、烟囱、空气预热器的耐火砖、衬里、陶纤各变径、拐角、衬里接口等处无衬里开裂、松动、鼓包和脱落情况。
	3. 检查衬里挡板	3. 辐射室、对流室、烟囱、空气预热器的衬里挡板无变形、开裂、腐蚀、脱落情况。
	4. 检查耐火砖、衬里、陶纤损坏部位锚固钉、端板、钢丝网	4. 辐射室、对流室、烟囱、空气预热器的耐火砖、衬里、陶纤损坏部位锚固钉、端板、钢丝网无氧化、变形、腐蚀和开裂情况。辐射转对流部位破坏性抽查保温钉腐蚀情况。
空气预热器	1. 检查空气预热器换热管	1. 换热管无腐蚀穿孔；可采用吹气球方法（用气球封住一端，另一端充气），冲压后看气球泄气情况，发现泄漏进行堵管。
	2. 检查清洁度	2. 换热管表面无积灰。
	3. 检查密封情况	3. 换热管与管板密封面完好。
	4. 检查烟道、风道	4. 烟道、风道无腐蚀，衬里完好。
燃烧器	1. 检查燃烧器气枪状况	1. 气枪无结焦和烧损。
	2. 检查筒体	2. 筒体无变形。

续表

设备部位	检查项目	检查内容及标准
燃烧器	1. 检查燃烧器气枪状况	1. 气枪无结焦和烧损。
	2. 检查筒体	2. 筒体无变形。
	3. 检查调风门	3. 一、二次风门等调节机构应牢固可靠，开闭灵活。强制通风风道应严密无泄漏。
	4. 检查火盆砖和衬里	4. 火盆砖无破损，衬里无开裂、鼓包和脱落。
	5. 检查金属软管。	5. 金属软管无穿孔。
吹灰器	1. 检查吹灰器各部件	1. 支架必须焊接牢固，传动系统应运行正常，吹灰器转动灵活，伸缩长度符合设计要求。
	2. 检查各端子与电线、电缆连接	2. 调试程控器应工作正常，满足定时吹灰的需要。控制电缆和各个接点、电气元件应无受潮、锈蚀、接触不良、短路等异常情况。
	3. 检查各种插头	3. 各种插头接驳完好。
	4. 检查各种电线、电缆的外层绝缘胶皮	4. 各种电线、电缆的外层绝缘胶皮完好，无焦糊、破损等现象。
	5. 检查各电气元件	5. 各电气元件无焦糊、直观破损等现象。
烟道挡板	1. 检查烟道挡板	1. 烟道挡板无腐蚀、变形、卡死等情况。评估停工前的漏风情况，原则上以修复为主。泄漏量超过20%，变形严重、无法调节并排除可修复性的可考虑更换。
人孔门、观察孔和防爆门	1. 检查漏风及开关情况	1. 检查无明显漏风，无卡涩现象。
引风机、鼓风机	按检修规程进行。	

3.6.4 处理措施及更换周期

3.6.4.1 炉管

加热炉炉管检测后出现下列情况应考虑更换。

（1）鼓包、严重裂纹或网状裂纹；

（2）卧置炉管相邻两支架间的弯曲度大于炉管外径的2倍（经金相检查及测厚，不影响安全生产，认为可以继续使用的，可延期更换）；

（3）炉管由于严重腐蚀、爆皮，管壁厚度小于计算允许值，计算标准参照SH 3037；关于炉管减薄，通过对炉管定期测厚可以确定炉管厚度是缓慢均匀减薄，还是突然加速减薄。对于缓慢均匀减薄，可估算出年减薄率，扣除这个减薄量即可对管子进行强度估算和决定判废与否。对于突然加速减薄，在找不到发生的原因和采取有效预防性措施时，往往予以判废并更换；

（4）外径增大5%；

（5）胀口在使用中账接次数超过2次，胀大值总和超过0.8mm；

（6）胀口腐蚀、脱落，胀口露头低于3mm；

（7）金相组织有晶界氧化、严重球化、脱碳及晶界裂纹等缺陷。

3.6.4.2 炉衬里

对于炉体外壁温度经红外监测分析，在环境温度、无风条件下超过82℃（炉底90℃）的应安排炉衬更换。停炉后宏观检查各部位炉衬情况，若有开裂、脱落、粉化等情况进行修补或更换，对于不定形炉衬结构使用寿命在两个周期（一个周期按3年或4年计算）以上的，若计划不安排更换，则在停炉时应安排开挖，检查衬里、锚固钉、壁板等情况。耐火砖、衬里损坏部分按SH 3534《石油化工筑炉工程施工及验收标准》进行更换或修补。

3.6.4.3 燃烧器

燃烧器根据堵塞情况拆装吹扫清理或更换，燃料油、雾化蒸汽阀门内漏或开关不灵更换；火盆砖检查有损坏修复。

3.6.4.4 烟风及余热回收系统

烟风道挡板及其执行机构若出现有卡涩、抱轴、阀板松动或变形严重、定位不准的进行检修、更换；挡板轴两端轴套中心轴线的同轴度误差应不大于 ϕ0.5mm；挡板轴之间的平行度误差应不大于 0.8mm，各挡板轴的位置就在同一高度上，其相互之间的高度误差应不大于 0.8mm；挡板应作整体调试，开关应灵活，开关位置应与指示器、DCS 显示相一致。

鼓（引）风机叶片、轴及轴承、机壳、膨胀节、基础等各部件有问题进行检修，确保各烟风道挡板运转灵活、无振动，同时清除鼓（引）风机进出口和烟囱的垢物。

余热回收系统管束腐蚀、损坏及积灰积垢情况，表面灰垢清扫或化学清洗，发现腐蚀穿孔的进行堵管或更换；风道和烟道管线连接面漏风点换垫等。

人孔门、防爆门、快开风门及炉管进、出口以及烟风道等处的密封有问题予以换垫、紧固等处理。看火门和防爆门安装位置的偏差应小于 8mm，且各自与门盖均应接触严密、转动灵活。

3.7 高温油泵

3.7.1 机泵的特点和常见失效机理

常减压装置的高温油泵主要涉及初馏塔底泵、常压塔底泵、减压塔底泵以及减二中、减三中、减过汽化油泵和常三线，常二线等机泵。目前高温油泵大多进行了双端封改造，或者进行了机械密封材质的升级，机泵润滑方面是以油雾润滑为主，油液润滑为辅。

高温油泵的腐蚀机理主要为高温硫腐蚀和高温环烷酸冲刷腐蚀，腐蚀形态多为叶轮及泵体的冲刷腐蚀减薄及坑蚀。

目前，普遍的常减压蒸馏装置都面临着操作波动大（机泵的流量存在较大幅度的调整），油性变化频繁的特点，因此，机泵自身的主要失效点也就主要体现在振动大和机械密封泄漏的两个方面，润滑问题由于采用油雾润滑之后，相应的体现不是那么的明显。

3.7.2 检修注意事项

机泵具体的检修和相关质量的把控可以参照 SHS 01013《离心泵维护检修规程》执行。目前大部分装置都执行长周期运行目标，装置停工大修基本上均是3～4年，机泵的检修可以安排在非停工大修期间进行，因此，大修期间针对机泵的检修需要注意以下几点：

（1）对高温油泵的进出口切断阀门以及需要频繁开关的阀门（如预热阀、连通阀等）需要进行维护，参照 SHS 01030《阀门维护检修规程》执行，必要时进行更换。保证此类阀门的密封性，确保机泵能顺利的交出进行检修。

（2）对高温油泵机械密封改造后增加的辅助系统（如 PLAN53A、53B 自带的缓冲液罐）进行维护，疏通管道、校验安全阀，必要时对缓冲液罐内的换热夹管进行查漏。

3.8 抽真空系统

3.8.1 常减压蒸馏装置抽真空系统常见方案及特点

常减压蒸馏装置抽真空系统的作用是把减压塔顶馏出物料中可冷凝组分冷凝为液体加以回收，把常温常压下不可冷凝的气体组分排入大气或引至加热炉火嘴，从而稳定地保持工艺要求的塔顶真空度。常见的抽真空系统有：蒸汽喷射抽真空系统、机械抽真空系统和液体喷射式抽真空系统。最早的常减压抽真空系统的设计均是采用蒸汽喷射器多级串联，与中间冷却器共同组成了抽真空系统，一般是三级（即增压器、一级抽真空、二级抽真空）。随着技术的发展和对节能的要求越来越高，开始出现由液化泵取代第三级蒸汽喷射器，实现节能的目的（比如燕山石化）。甚至出现了直接采用系统自身的液体（如减一中油）来代替蒸汽，实现喷射抽真空的效果，大大精简流程和节能。

3.8.2 结构特点和失效机理

喷射器抽真空系统：影响其效果的主要因素是蒸汽的品质发生变化和喷嘴自身的结构尺寸由于腐蚀、冲刷等因素出现改变。蒸汽的品质可以通过调整蒸汽来实现，因此检修过程中，重点要关注喷射器自身的结构尺寸的改变。其次在生产运行中，要注意中间冷却器的冷却情况，以备检修时进行处理。

机械抽真空系统：机械抽真空系统的组成由液环泵、中间冷却器、气液分离器、液位控制系统、气、水管路及控制仪表原件共同组成，其核心是液环泵。

抽真空系统的腐蚀机理主要为低温 $HCl + H_2S + H_2O$ 腐蚀，一般气相部位腐蚀较轻，液相部位腐蚀较重，尤以气液交界处腐蚀最为严重，腐蚀形态为全面腐蚀和局部腐蚀并存。

3.8.3 隐蔽项目检查方法

3.8.3.1 喷射式抽真空系统

根据正常生产运行时蒸汽耗量的变化统计，来预判段喷嘴的情况，一般当蒸汽耗量大大增加时，排除了漏点之外的问题，基本上就是需要更换喷嘴了。检修时，可以对喷嘴部分进行测厚，并与上一周期的情况进行对比，来判断其腐蚀、磨损的程度。进而决定是否进行更换。

3.8.3.2 机械抽真空系统

机械抽真空系统隐蔽项目检查方法如表8所示。

表8 机械抽真空系统隐蔽项目检查方法

设备部位	检查项目	检查内容及标准
系统附属管线	1. 宏观检查	1. 针对机械抽真空系统的冷却、润滑系统、过滤网等管线部件，主要以清理、疏通为主，根据现场的清理情况，肉眼验收即可。
	2. 壁厚测量	2. 一般此系统的选材都考虑防腐的问题，也可以在检修时，建立好测厚台账，针对性的进行超声波测厚，收集数据。
减速箱（没有，则忽略此步）	1. 参照SHS 01028《变速机维护检修规》执行即可	1. 一般为连续运转，一个周期停一次，每次检修应更换轴承及润滑油。
联轴器	1. 检查联轴器及对中	1.1 半联轴器与轴配合为H7/js6。 1.2 联轴器两端面周向间隙一般为2～6mm。 1.3 叠片式膜片对中要求满足：径向允差0.15mm，端面允差0.08mm。 1.4 叠片联轴器要做宏观检查，检查膜片是否有鼓翘、断裂，扭矩螺栓是否有裂纹。 记录好使用时间，按照使用4万h的标准，及时更换膜片和扭矩螺栓。 1.5 联轴器对中检查时，调整垫片每组不得超过4块。
液环泵	1. 液环泵的拆检	1.1 拆卸前要测量好转子与前后侧分配板的轴向间隙，参考厂家随机资料中的设定值，一般：叶轮两端与前后盖的间隙，安装间隙为0.40mm，检修间隙为0.50mm，更换间隙为1mm。在拆卸轴承箱位置处的补偿垫圈要做好标记，区分开每一组补偿垫圈，用卡尺测量好厚度，必要时用相同厚度的垫替代，但一定要原位回装，否则有可能造成转子前后轴向间隙分配不均，影响检修后的性能。 1.2 轴承检查：承受轴向和径向载荷的滚动轴承与轴配合为H7/js6；仅承受径向载荷的滚动轴承与轴配合为H7/k6；滚动轴承外圈与轴承箱内壁的配合为Js7/h6；对于轴向止推轴承采用滚动轴承的泵，其滚动轴承外圈的轴向间隙应留有0.02～0.06mm。

续表

设备部位	检查项目	检查内容及标准
液环泵	1. 液环泵的拆检	1.3 柔性阀门部件的检查：用手检查柔性阀板的弹性，肉眼判断有无破损，必要时更换，观察其颜色有无明显变化，有无焦化；一个周期更换一次，同时找出柔性阀板焦化、变色的原因，进行改善运行。 1.4 检查液环泵转子情况，主要是腐蚀的情况，是否有明显的腐蚀痕迹，叶轮不能有毛刺和裂纹，叶片厚度减少1/2 的时候要更换。叶轮与轴装配后，其端面圆跳动为不能超过 0. 10mm；视腐蚀情况确定组件是否更换。
冷却器	1. 中间冷却器拆检	1. 参照 SHS 01009《管壳式换热器维护检修规程》执行即可。
分离器	1. 气液分离罐拆检	1. 通过人孔，检查分离罐（特别是污油抽出口附近）的油泥、污垢是否清理干净；检查中间隔板是否存在腐蚀，必要时进行更换。

3.9 三顶系统

3.9.1 隐蔽项目检查方法

三顶系统隐蔽项目检查方法如表 9 所示。

表 9 三顶系统隐蔽项目检查方法

设备部位	检查内容	检查方法及标准
三顶系统	初馏塔顶系统检查： 初馏塔顶封头、塔盘。 塔顶系统：管道、空冷器、冷换设备、油水分离罐。 常压塔顶检查：常压塔顶封头、塔壁塔顶系统：管道、空冷器、冷换设备、油水分离罐。 减压塔顶检查：减压塔顶封头、塔壁。 塔顶系统：管道、冷却器、油水分离罐。	完好，不影响安全运行及工艺要求。

续表

设备部位	检查项目	检查内容及标准
初馏塔顶系统	1. 检查管道	1. 测厚检查管道无腐蚀减薄、焊缝无裂纹、变形、鼓包及泄漏、外防腐完好、保温完好。
	2. 检查空冷器	2. 打开部分封头检查其情况，凡是空冷器能正常切出以备检修的，大修项目安排在平时施工；无法切出的，大修一律拆检，根据运行情况，着重进行检查。 内容如下：清洗空冷管内油泥后试压无泄漏；各密封完好；进出口接管测厚无减薄；各角焊缝无裂纹、变形、鼓包及泄漏。
常压塔顶系统	1. 检查管道	1. 测厚检查管道无腐蚀减薄、焊缝无裂纹、变形、鼓包及泄漏、外防腐完好、保温完好。
	2. 检查空冷器	2. 打开部分封头检查其情况，凡是空冷器能正常切出以备检修的，大修项目安排在平时施工；无法切出的，大修一律拆检，根据运行情况，着重进行检查。 内容如下：清洗空冷管内油泥后试压无泄漏；各密封完好；进出口接管测厚无减薄；各角焊缝无裂纹、变形、鼓包及泄漏。
减压塔顶系统	1. 检查管道	1. 测厚检查管道无腐蚀减薄、焊缝无裂纹、变形、鼓包及泄漏、外防腐完好、保温完好。

3.9.2 处理措施及更换周期

壳体及焊缝修补等压力容器缺陷修复按 SHS 01004《压力容器维护检修规程》、TSG 21《固定式压力容器安全技术监察规程》的要求执行。

对于管线，修复处理，消除缺陷，必要时采用安全评定的方法，确认缺陷是否影响管道安全运行到下一检验周期；腐蚀减薄或冲蚀严重的部位，考虑进行材质整体升级、局部升级以及结构上的优化，为下一周期的工艺防腐提供调整依据。

3.10 一般罐类容器

3.10.1 结构简图

一般罐类容器结构如图 13 所示。

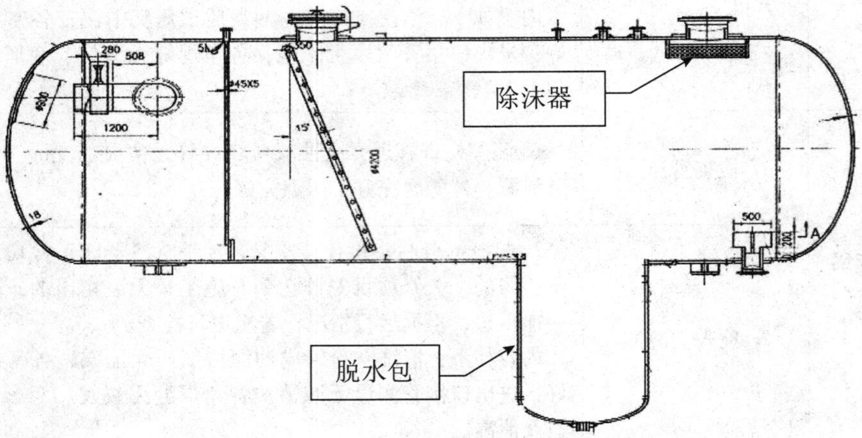

图 13 一般罐类容器结构简图

3.10.2 结构特点

常减压蒸馏装置一般回流罐、分液罐分为卧式和立式两种型式，该类罐结构简单，内构件少，检查及检修不复杂。

3.10.3 隐蔽项目检查方法

一般罐类隐蔽项目检查方法如表 10 所示。

表 10 一般罐类隐蔽项目检查方法

设备部位	检查项目	检查方法及标准
壳体	1. 宏观检查	1. 目测、锤击或者测厚，宏观检查内外表面的腐蚀情况，有无明显的鼓包或者裂纹，结合工艺平常操作液位经常波动部位，检查其有无明显腐蚀或者变形。

续表

设备部位	检查项目	检查内容及标准
壳体	2. 无损检测	2. 1PT、MT，裂纹、变形、鼓包及泄漏（重点为应力集中部位、气液相交界位、变形位、异种钢焊接部位、补焊区、工卡具焊迹、电弧损伤处）。
		2. 2 结合腐蚀及机械损伤机理，针对易腐蚀及冲蚀部位、制造成形时易减薄部位和使用中易变形部位、接管部位、其它可疑部位、本体、对接焊缝、接管角焊缝。
法兰及紧固件	1. 宏观检查	1. 检查法兰及密封面变形，损伤和裂纹，必要时采用着色检查，检查紧固件完好情况。
内构件	1. 宏观检查	1. 目测检查破沫器、破沫网、分布器等内构件腐蚀及损坏情况。
各接管、工艺参数测量点	1. 宏观检查	1. 目测，气或水试通，检查堵塞情况。

3. 10. 4　处理措施及更换周期

检查项目一般以压力容器检验项目为主，检修中注意做好罐内清理、除沫器的检查更换、防冲板的检查修补、内部斜梯等构件的宏观检查、各接管特别是液位计等小的引出管的疏通等。

壳体及焊缝修补等压力容器缺陷修复按 SHS 01004《压力容器维护检修规程》、TSG 21《固定式压力容器安全技术监察规程》的要求执行。

3. 11　螺杆压缩机

3. 11. 1　结构简图

螺杆压缩机结构如图 14 所示。

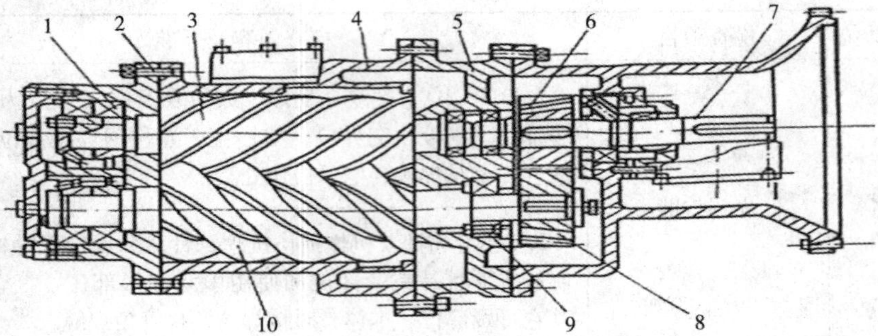

图 14　螺杆压缩机结构简图

1、9—滚动轴承；2、5 端盖；3—阴螺杆；4—汽缸体；
6、8—对增速齿轮；7—驱动主轴；10—阳螺杆

3.11.2　结构特点及失效机理

螺杆式压缩机具有较高的齿顶线速度，可与高速动力机直接相连。因而其单位排气量的体积、重量、占地面积以及排气脉动远比往复式压缩机为小。螺杆式压缩机没有诸如气阀、活塞环等零件，因而它运转可靠、寿命长、易于实现远距离控制。此外，由于没有往复运动零部件，不存在不平衡惯性力（矩），所以螺杆式压缩机基础小，甚至可以实现无基础运转。螺杆式压缩机具有强制输气的特点，即排气量几乎不受排气压力的影响；其内压力比与转速、密度几乎无关系，这一点与叶片式压缩机不同。螺杆式压缩机在宽广的工况范围内，仍能保持较高的效率，没有叶片式压缩机在小排气量时出现的喘振现象。

螺杆机筒多因磨损造成间隙过大不能正常挤、注而报废。磨损加大螺棱机筒间的间隙，这导致降低泵出能力，造成物料温度不均匀及压力波动，使产品质量下降，同时生产率降低、能耗增加。相对机筒来说，螺杆更易于损坏失效。一般认为，螺杆因磨损失效的主要原因是“物料磨损”。在螺杆和料筒之间的物料，由于力的作用，对螺杆

产生切削作用导致材料损失。此外，常顶气中的腐蚀性介质，会对螺杆表面金属产生腐蚀，腐蚀产物很容易被带出，从而导致材料的损失。磨损与腐蚀的共同作用，加剧了螺杆的失效。

3.11.3 隐蔽项目检查方法

螺杆压缩机隐蔽项目检查方法如表11所示。

表11　螺杆压缩机隐蔽项目检查方法

设备部位	检查项目	检查方法及标准
机壳	1. 外观检查	1. 检查机壳内表面应无裂纹、冲刷、腐蚀和沉积物，机壳结合面应无腐蚀、刻痕、变形，机壳大盖螺栓应先编号后拆装，以防错乱。检查底座地脚螺栓应完好无损，无松动。
	2. 间隙检查	2.1 测量排气端面与排气端座间隙值，符合机组说明书或检修规程要求。
		2.2 测量主轴承外径与机体轴承孔间隙值，符合机组说明书或检修规程要求。
转子	1. 外观检查	1. 目视检查转子表面，不允许有气孔、裂缝和伤痕等缺陷，其轴颈处必要时应进行表面磁粉或着色探伤。测量转子表面的粗糙度，符合机组说明书或检修规程要求。
	2. 间隙检查	2.1 测量阴阳转子啮合线处间隙值，符合机组说明书或检修规程要求。
		2.2 测量主轴径与主轴孔间隙值，符合机组说明书或检修规程要求。
		2.3 测量转子轴颈表面粗糙度、径向圆跳动值、圆柱度不大于直径公差、转子外圆与气缸体间隙，应符合机组说明书或检修规程要求。
		2.4 测量螺杆两端面对轴心线的垂直度公差、两螺杆平行度公差、螺杆轴向窜动，应符合机组说明书或检修规程要求。
	3. 动平衡检查	3. 测量转子动平衡，精度等级应不低于G 2.5。

续表

设备部位	检查项目	检查内容及标准
轴承	1. 外观检查	1.1 滑动轴承的表面不得出现拉毛、气孔、脱壳、砂眼等现象。
		1.2 滚动轴承不允许有脱落、锈蚀或变形等现象。
	2. 间隙检查	2.1 测量轴承护圈与推力轴承外圆端面间隙值，符合机组说明书或检修规程要求。
		2.2 测量止推轴承游隙，符合机组说明书或检修规程要求。
平衡活塞与平衡活塞套	1. 外观检查	1. 目视检查平衡活塞与平衡活塞套表面无磨损，裂缝，划痕等缺陷，测量平衡活塞与平衡活塞套内径或外径，检查平衡活塞与平衡活塞套有无变形。
	2. 间隙检查	2. 测量平衡活塞与平衡活塞套的间隙值，符合机组说明书或检修规程要求。
同步齿轮	1. 外观检查	1. 同步齿轮的精度等级应不低于5级。同步齿轮的啮合应良好，接触面沿齿高方向大于50%，沿齿宽方向大于70%。
	2. 间隙检查	2. 同步齿轮的啮合间隙不得大于螺杆啮合间隙的1/4，同时满足同步齿轮啮合间隙0.02~0.04mm，同步齿轮侧隙0.03~0.06mm。
滑阀	1. 外观检查	1.1 滑阀本体不得有变形、裂纹、划痕等缺陷。阀座密封面不得有腐蚀麻点、划痕；阀座边缘不得有裂纹、沟槽等缺陷；
		1.2 检查指示器刻度指示与滑阀动作是否一致。
		1.3 检查润滑油油路有无漏点、堵塞等缺陷。
		1.4 检查排气腔表面有无变形、裂纹、划痕等缺陷。
管道、油箱附属设备	1. 外观检查	1.1 检查油箱内壁有无腐蚀、裂纹等缺陷，表面有无污垢。检查油箱的接管、垫片、接口等部件的内外锈蚀及泄漏情况。油箱内电加热器绝缘及接地应良好；蒸汽盘管不应锈蚀、泄漏。润滑油箱低液位报警系统准确可靠。检查液面计液位显示应清晰可见。
		1.2 检查进出口管道外表面和焊缝有无明显腐蚀、裂纹等缺陷；检查管道接口法兰有无空隙、错口或不同轴等缺陷，检查管道接口法兰密封面有无腐蚀凹坑、裂纹等缺陷。
润滑油泵	1. 润滑油泵拆检	1. 按SHS 01017《齿轮泵维护检修规程》进行检查修理。

3.11.4 处理措施及更换周期

①清洗机壳、转子和轴承等部件外表面，见金属本色。清洗油箱时严禁用棉纱等纤维物擦拭，清洗后用面粉团沾净。

②各部件机壳、转子等部件外表面对可修复的小裂纹等缺陷，按规范修复，并磁粉或着色检查合格。

③记录各间隙测量值，对间隙超标的部件进行更换。

④研磨同步齿轮的啮合接触面，保证接触面沿齿高方向大于50%，沿齿宽方向大于70%。石油气螺杆机转子的啮合间隙和同步齿轮的啮合间隙应同步进行调整。

⑤机械密封拆检，更换损坏部件后，组装后，必须试静压合格才能安装。

⑥更换有缺陷的滑动轴承和滚动轴承。

⑦更换各密封面垫片。

⑧对油冷器的壳体、管箱、头盖等部件冲蚀、腐蚀减薄超出GB/T 50《压力容器》所规定的范围，视现场情况修复或更换。管束因介质腐蚀损坏，允许堵管，但每个管程堵管的数量不得超过管程管子总数的10，对堵管率超出10%的管束进行更换。对板式油冷器的坏板片进行更换。

⑨润滑油泵按SHS 01017《齿轮泵维护检修规程》进行检查修理。

⑩油冷却器和分离器的水压试验按最高工作压力的1.25倍进行。压力升到规定压力后，应保压10min；降至工作压力后，再保压30min。试压所用的压力表必须经过校正并有铅封及合格证；压力表的量程一般为试验压力的2倍。

⑪管道检修不应对机体产生任何附加力。管道检修后安装时不得采用强力对口、加热管子、加偏垫或多垫等方法来消除接口端面的空隙、错口或不同轴等缺陷；管道预拉伸（或压缩）必须符合设计要

求。管道两端法兰位置准确，保持平行，其偏差不大于法兰外径的1.5%，且不大于2mm。与压缩机连接的进出口管道，其法兰的中心误差不能超过6mm，平行误差不超过1mm，在拧紧和放松管道与压缩机缸体的连接螺栓时，压缩机轴中心的变化量不能超过0.03mm。这个变化量可以在联轴器处用百分表测量。

⑫阀门的检修及质量标准参照SHS 01030《特殊阀门维护检修规程》执行。

3.12　高温管线

3.12.1　范围

从防腐管理的角度出发，把高温管线界定为操作温度为220℃以上的管线。

3.12.2　失效部位及机理

常减压蒸馏装置高温管道的用材碳钢、铬钼钢、不锈钢、渗铝钢都有涉及，大多材质升级基本遵循SH/T 3096—2012《高硫原油加工装置设备和管道设计选材导则》和SH/T 3129—2012《高酸原油加工装置设备和管道设计选材导则》两部导则及同类装置的使用经验。常减压蒸馏装置高温管道的典型损伤部位及机理如下：

常压转油线：高温硫腐蚀、环烷酸腐蚀、冲蚀、氯化物应力腐蚀开裂。

常压塔侧线：高温硫腐蚀、环烷酸腐蚀。

常压塔底管线：高温硫腐蚀、环烷酸腐蚀。

减压转油线：高温硫腐蚀、环烷酸腐蚀、连多硫酸腐蚀开裂、冲蚀、氯化物应力腐蚀开裂。

减压塔侧线：高温硫腐蚀、环烷酸腐蚀。

减压塔底管线：高温硫腐蚀、环烷酸腐蚀、连多硫酸腐蚀开裂、冲蚀、氯化物应力腐蚀开裂。

3.12.3 隐蔽项目检查方法

高温管线隐蔽项目检查方法如表 12 所示。

表 12 高温管线隐蔽项目检查方法

设备部位	检查项目	检查方法及标准
高温侧线抽出→侧线泵入口→第一组换热器→小于220℃位置	弯头、阀门、防冲挡板、液控阀大小头腐蚀、冲蚀情况	目测及测厚检查。
三底管线	塔底抽出弯头、抽出阀，热油泵进出口阀、单向阀、预热线堵塞、腐蚀、冲蚀情况	目测检查抽出线堵塞情况；抽出阀、泵进出口阀、单向阀、拆出检修试压；泵预热线孔板拆出检查，预热线阀门更换；塔底抽出弯头、泵预热线测厚检查。
高温孔板后管线	减薄情况	测厚。
排凝、排污管等小接管	腐蚀及裂纹	目测、着色、锤击检查。
转油线	腐蚀及冲蚀情况	低速段封头焊缝、高速段每条焊缝着色检查；高速段每个弯头测厚检查；防冲挡板目测及测厚检查；直管抽查测厚。

3.12.4 处理措施及更换周期

修复处理消除缺陷，必要时采用安全评定的方法，确认缺陷是否影响管道安全运行到下一检验周期。

对于腐蚀减薄或冲蚀严重的部位，考虑进行材质整体升级、局部升级以及结构上的优化，为下一周期的工艺防腐提供调整依据。

3.13 轻烃单元

轻烃单元塔类、一般容器、机泵类按前面相应各部分内容执行；对于有压缩机系统的压缩机部分在前面已经单独列出。

4　手册引用文件

［1］石油化工设备维护检修规程　第一册　通用设备，中国石化出版社，2004

［2］SHS 01006 管式加热炉维护检修规程

［3］石油化工厂设备检修手册　加热炉，中国石化出版社，2007

［4］SHS 01009 管壳式换热器维护检修规程

［5］石油化工厂设备检修手册　换热器，中国石化出版社，2005

［6］SHS 01007 塔类设备维护检修规程

［7］石油化工厂设备检修手册　容器，中国石化出版社，2011

［8］石油化工厂设备检修手册　泵（第二版），中国石化出版社，2007

［9］SH/T 3096—2012 高硫原油加工装置设备和管道设计选材导则

［10］SH/T 3129—2012 高酸原油加工装置设备和管道设计选材导则

［11］TSG D0001—2009 压力管道安全技术监察规程——工业管道

［12］TSG D7005—2018 压力管道定期检验规则——工业管道

［13］TSG 21 固定式压力容器安全技术监察规程

［14］GB/T 150 压力容器

［15］GB 50236—2011 现场设备、工业管道焊接工程施工及验收规范

［16］GB 50484—2008 石油化工建设工程施工安全技术规范